KAWADE
夢文庫

戦闘を変えた
最新の兵器

国際時事アナリスツ[編]

河出書房新社

名もしれぬ兵器が、大国に煮え湯を飲ませる——前書き

20世紀、大国はこぞって「最強兵器」の開発にしのぎを削った。最強の兵器を保持することで、国民は強国の誇りを胸にし、安心さえした。「イーグル戦闘機」「空母エンタープライズ」「戦艦大和」「T-34戦車」といった兵器の名が大国の栄光を支えさえした。

けれども21世紀、新興国の兵器が大国に煮え湯を飲ませる時代となった。名もしれぬドローンやミサイルが名戦車を破壊し、大型艦船を海の藻屑(もくず)とする。やがて名もしれぬドローンの群れに、かつての「最強兵器」は無用の長物(ちょうぶつ)と化すだろう。

21世紀、AI(人工知能)をはじめとするハイテク技術はすべてのパラダイムを変え、それは軍事にも及んでいる。敵を圧倒する最新兵器は、これまでとはまったく異なる概念のなかから生まれている。ドローンに代表される最新兵器は、見栄えはしないが、AIと結びついていくなら、戦争のあり方を一変させてしまうだろう。

今まさに起きている兵器の大変革が、戦略・戦術の常識までをも変えようとしている現実を、本書で実感していただければ幸いである。

国際時事アナリスツ

戦闘を変えた最新の兵器　目次

1 軍事バランスに激震！ゲーム・チェンジャーの全貌

2 熾烈な開発競争が再燃! ミサイル、宇宙兵器の現在

3 陸戦の様相が一変！ 対戦車火器、歩兵用兵器の革新

4 覇権と防衛のカギ! 潜水艦、空母、イージス艦の性能

5 アビオニクスの対決!
戦闘機、早期警戒機、爆撃機の未来

カバー写真●Sgt. James Lefty Larimer/Us Army/Planet Pix/ZUMA Press/アフロ
図版作成●新井トレス研究所
協力●内藤博文

1

軍事バランスに激震！ゲーム・チェンジャーの全貌

第2次ナゴルノ・カラバフ戦争で世界を震撼させたトルコ製ドローンとは
――バイラクタルTB2

2020年、カフカス（黒海とカスピ海にはさまれた地域）では第2次ナゴルノ・カラバフ戦争が勃発する。アゼルバイジャンとアルメニアによる領土を巡る軍事衝突は、これまで大きなニュースにまではならなかったが、今回は軍事関係者には衝撃を与えた。アゼルバイジャン軍がドローンを使って、T-72戦車をはじめとするアルメニア軍のロシア（旧ソ連）製戦闘車両を多数撃破し、勝利を収めたからだ。

軍事衝突にあたって、アゼルバイジャン軍もアルメニア軍も同程度の人的損耗を出していた。

違うのは、アゼルバイジャン側のドローンが有効に働き、アルメニアの防空システムを無力化させたのち、アルメニア軍の戦車、装甲車を襲ったところだ。

アルメニア軍が準備していたドローンは、イスラエル製のドローン「ハーピー」とトルコ製のドローン「バイラクタルTB2」である。イスラエル製の兵器には定評があるところだが、トルコ製の兵器の性能は未知数であった。そのトルコ製ドローンが活躍し、多数の戦車を破壊していったのだ。

トルコの攻撃型ドローン「バイラクタルTB2」。最大時速220km、搭載量150kg、航続時間27時間（写真：Bayhaluk）

後述するが、第2次ナゴルノ・カラバフ戦争よりもはるか昔から、ドローンは戦場に投入されてきた。とくにアメリカ軍はアフガニスタンやイラクに投入してきたが、アフガニスタンやイラクでのドローンの役割は偵察と対ゲリラ攻撃に限られていた。ドローンが比較的大規模な戦いで、近代戦車や整備された防空システムを破壊した事例はほとんどなかった。これまで、戦車は空からの攻撃に弱いとされ、ヘリコプターを天敵としてきた。けれども、ドローン対戦車の戦いはほとんど前例がなく、ドローンには未知数なところがあった。

そうしたなか、無名のトルコ製の「バイラクタルTB2」が、ロシアや旧ソ連の戦車を打ち破ったのだから、世界は驚愕（きょうがく）した。そして、ドローンは「ゲーム・チェンジャー」というべき存在になった。「ゲーム・チェンジャー」とは、物事の流れ、状況を一変させる存在だ。

ゲーム・チェンジャーとなる軍事技術が登場するなら、それまで無敵であった優秀な兵器、技術が一気に時代遅れにさえなる。新興国が、それまでの大国を押し退けて、覇権さえ握りうるのだ。

戦車に関していうなら、戦車の開発・生産には高度な技術と工業力が必要であり、戦車を開発・生産できる国は限られていた。陸軍大国トルコでも、一流戦車の自前生産は不可能であった。けれども、ドローン開発のハードルは戦車よりもはるかに低く、しかもドローンは戦車を破壊できる。戦車を開発できないトルコであっても、戦車を倒せるドローンを開発できるのだ。「バイラクタルＴＢ２」は、ジェット機ではなく、プロペラ推進式である。機体構造は古いが、ここに「攻撃機」としてのシステムを盛り込んだことで、まったく新しい兵器となったのだ。

ドローンがゲーム・チェンジャーとなるなら、ドローンをほとんど有していない日本の自衛隊は、一気に旧式な軍に転落しかねないのだ。ドローンによって、最新の戦車のみならず、新鋭戦闘機、イージス艦までもが、「時代遅れ」になる可能性があるからだ。

防空システムを無力化させるイスラエル製ドローンの威力——ハーピー

第2次ナゴルノ・カラバフ戦争の衝撃は、トルコ製ドローン「バイラクタルTB2」による戦車の破壊のみにとどまらない。この戦争にあっては、巧妙な運用によって、イスラエル製の自爆型ドローン「ハーピー」が、アルメニアのロシア製防空システムS‐300を使用不能に追い込んでいる。

その手法は、時代遅れの複葉機を囮にしたものである。アゼルバイジャン軍は、まずは複葉機をアルメニア軍の方向に飛ばし、操縦手を途中で脱出させた。アルメニアの防空システムS‐300のレーダーはこれを感知するために作動、その所在を明らかにしてしまった。

そこにイスラエル製の自爆ドローン「ハーピー」が、S‐300のレーダー波を感知して、飛来。S‐300に突っ込んでいったのだ。ロシア製の防空システムをもってしても、これに対応できなかった。

イスラエルの「ハーピー」の価格は、日本円にしておよそ200万円といわれる。この安価な自爆型ドローンの前に、ロシアの貴重な輸出商品でもあった高価なS‐

イスラエルの自爆型ドローン「ハーピー」。最大時速417km、炸薬搭載量32kg、航続時間9時間（写真は2007年）

300が破壊されてしまった。イスラエル製の「ハーピー」がアルメニア軍の防空システムを無力化したため、「バイラクタルTB2」は対空ミサイル攻撃を受けずに、アルメニア軍戦車を攻撃できたのだ。

しかもこの局面では、アゼルバイジャン軍の人的被害はほとんどゼロである。アゼルバイジャン軍は人的犠牲を抑えて、アルメニアの防空システムを無力化したのだから、ここでもドローンはゲーム・チェンジャーとなっていたのである。

たしかに、2022年のロシア軍によるウクライナ侵攻にあっては、ウクライナ軍のロシア製防空システムS-300がロシア軍のドローンを撃墜する戦果もあげている。防空システムはいまだドローンの前に有効ともいえるのだが、ドローンがさらに進化するなら、既存の防空システムが無力化させられる可能性は高いのだ。

テロとの戦いで威力を実証した米軍のドローンとは——MQ‐1「プレデター」、MQ‐9「リーパー」

ドローンのような無人機は、「UAV」（unmanned aerial vehicle）とも呼ばれる。UAVを早くから運用してきたのは、アメリカである。アメリカは、UAVを偵察機、攻撃機として活用し、成果をあげてきた。

アメリカの攻撃・偵察ドローンには、MQ‐1「プレデター」、MQ‐9「リーパー」などがある。ともに特徴は、機首がオタマジャクシのように大きくなっているところだ。その機首部分に、合成開口レーダー（SAR＝synthetic aperture radar）や各種センサーなどさまざまな装置を搭載している。いわば、UAVの「目」であり「頭脳」となっている。

とくに、合成開口レーダーは、悪天候であっても、上空を雲が覆っていても、地表で起きていることを観察できる。あるいは、月のない深夜であっても、地上のゲリラの動きを監視できる。合成開口レーダーを搭載したドローンは、恐るべき監視者となったのだ。

MQ‐1「プレデター」は、1990年代のボスニア・ヘルツェゴビナ紛争にも

アメリカの無人機MQ-9リーパー。最大時速492km、航続距離5,926km。2007年から運用開始

投入されている。その意味で「前世紀の兵器」だが、ゲーム・チェンジャーとしてのＵＡＶの先駆である。「プレデター」は、当初、偵察機として使われ、アフガニスタンにあっては、潜伏中の反米組織の幹部やゲリラを追いかけまわしていた。すでに偵察機としては十分に認められ、やがて偵察のみならず、攻撃機にも変身していく。

　というのも、「プレデター」がゲリラを発見しても、戦闘攻撃機が駆けつけるまでに時間がかかっていたからだ。その間に、ゲリラが安全な場所に身を隠してしまうと、チャンスを失うことになる。そこで、「プレデター」には攻撃能力が付与され、敵の発見と同時に攻撃もできるようになったのだ。

「プレデター」に搭載されているのは、「ヘルファイア」対戦車ミサイルである。「プレデター」は、この強力な対戦車ミサイルを武器に、政治家やテロリスト、ゲリラを襲撃、暗殺してきた。リビア内戦にあっては、独裁者カダフィの乗った車両を襲撃・破壊し、カダフィを破滅に追い込みもしている。

MQ-9「リーパー」は、MQ-1「プレデター」の大型版である。MQ-1と同じプロペラ推進式ながら、最高時速は500キロ近く、MQ-1の2倍の速度をもつ。「ヘルファイア」ミサイルを6発搭載し、攻撃力もMQ-1を上回っている。

アメリカが無人機を積極的に使うようになったのは、パイロットをはじめとする搭乗員の犠牲を心配しなくていいからだ。かつてソマリアでアメリカ軍のヘリコプターUH-60「ブラック・ホーク」が撃墜されたとき、搭乗していた米兵は殺害され、その遺骸(いがい)は市街をひきずり回された。アメリカにとってこの惨劇は大きなトラウマになっていて、米兵に惨(みじ)めな死を体験させたくない。そのため、有人の航空機の使用を抑え、ドローンの使用を優先していったのだ。

アメリカがいかにドローンを有用と認め、充実を図るようになったかは、ドローンにかける予算が鰻登(うなぎのぼ)りになっていることが証明している。1990年代、ドローンにかけるアメリカ国防総省の支出は、年間3億ドル程度であった。これが、アフガニスタンやイラクでの戦いに突入してのち、2005年には年間20億ドルを超えるようになる。2011年には、年間60億ドルにも増大し、アメリカはドローンを頼みとするようになっているのだ。

人工知能で自律行動できる無人偵察機の絶大な効果 ――RQ-4「グローバル・ホーク」

アメリカは、RQ-4「グローバル・ホーク」やRQ-11「レイヴン」といった、無人の偵察機も運用している。MQ-1やMQ-9がプロペラ推進式であるのと違い、ジェットを動力とし、巡航速度は時速570キロ、高度1万9800メートルという高空での偵察も可能だ。

「グローバル・ホーク」の特徴のひとつは、AI（人工知能）による自律型を志向したドローンであるところだ。先のMQ-1やMQ-9は地上からの操作による飛行であり、いわば「ラジコン機」のようなものだ。

これに対して、「グローバル・ホーク」にはAIが搭載されていて、一定の情報を入力しておくことで、あとはAIが環境に合わせて自律的に飛行を管理する。A

アメリカの無人偵察機RQ-4グローバル・ホーク。最大時速635㎞。フェリー（最大）航続距離22,779㎞

I搭載の自律型ドローンは近未来のスーパー・ゲーム・チェンジャーと目されているが、「グローバル・ホーク」はその原初でもあるのだ。

「グローバル・ホーク」は、２０１１年の福島原発事故においても活動している。危険な原子炉の上空を飛び、事故の状況を偵察している。無人のドローンゆえのなせる技である。

これに対して、ＲＱ-11「レイヴン」は、小型の無人偵察機だ。重量はわずか2キロ、翼幅は１・４メートルでしかない。手投げ式であり、あとはモーターで飛んでいく。航続距離は、わずかに10キロほどでしかない。

こんな玩具のようなドローンでも、戦

アメリカの小型偵察無人機RQ-11レイヴン。最大巡航速度97km。航続距離10km。2003年から運用開始

場では役に立つ。たしかに「グローバル・ホーク」は優秀な無人偵察機なのだが、つねに最前線にあるわけではない。対空ミサイルには脆(もろ)いから、低空を避けてつねに対空兵器の届かないような高空にある。

けれども、「レイヴン」なら低空を飛び、最前線にある敵の動向を偵察できる。山の向こうにゲリラや敵が潜んでいそうなときでも、「レイヴン」を使うなら、すぐに山の向こうの動向をつかめるのだ。

従来は、山の向こうの敵を偵察する場合、偵察ヘリを飛ばしていたが、偵察ヘリには撃墜の危険がつねに伴う。撃墜されるなら、優秀なパイロットと高価な機体が犠牲になる。

一方、ドローンなら撃墜されても人命を失うことはないのだ。とくに、「レイヴン」のような安価なドローンなら、撃墜されてもさほど痛みはない。

兵士を死なせたくないと考える国家ほど、ドローンを重視するようになり、偵察ヘリはスクラップ化していくことになる。

世界のなかで、自衛隊はドローン後進軍といわれる。自衛隊はドローンの開発、入手に周回遅れの状態だが、その自衛隊が運用している数少ないドローンのひとつが、こうした偵察型ドローンだ。自衛隊は「レイヴン」に近いコンセプトの「スキャンイーグル」をアメリカから購入し、配備している。

ドローンの群れ「スウォーム」による攻撃が恐れられる理由——イラン製ドローン

ドローンがゲーム・チェンジャーとなる可能性を秘めているのは、群れで動くところにもある。ドローンの群れ（スウォーム）に対しては、すでに既存の兵器は劣勢にある。

2019年、イランはサウジアラビア最大の石油施設のあるアブカイクをドローンで攻撃している（犯行声明はイエメンのフーシ派）。この時点で、イランはすでにドローン大国化しつつあった。イランは25機のドローンの群れと巡航ミサイルによって、アブカイクの石油施設を攻撃、サウジアラビアは一時的に石油生産量が半減する事態に追い込まれた。

アブカイクには、アメリカ製やフランス製の防空システムがあった。が、イランのドローンの群れは低空で飛行、防空システムのレーダー波に捉えられることはなかった。

この事件は、ドローンの群れの恐ろしさと可能性を示唆している。これまでドローンを撃墜する確たる方法は確立されていなかった。単体のドローンに対しては、アメリカの「ファイティング・ファルコン」戦闘機やＡＨ‐64「アパッチ」攻撃ヘリが投入されることはあった。あるいは、「パトリオット」システムで迎撃することもあったが、当たることもあれば外れることもあった。飛来するドローン１機に対してこの程度の防禦しかなかったから、ドローンの群れには防空システムが機能しきれないのだ。

ドローンの群れが、今後さらなる脅威となるのは、ＡＩと結びつくからだ。いまのところ、ドローンの多くは地上で操縦されていて、ＡＩ搭載タイプは少ない。地上で操縦している限り、大量のドローンの飛行連携には限度がある。イランによるサウジの石油施設攻撃でも、25機が投入された程度であった。けれども、AI搭載型ドローンなら、そのスウォームをもっと拡大できるのだ。

大量のドローンを群れのように動かしたいとき、もっとも問題となるのは、ドローン同士の衝突である。AI搭載型ドローンなら、互いの交信により衝突を回避もできる。ドローン同士が互いにネットワーク・システムによって連携しながら、与えられた任務を遂行（すいこう）するようになる。ある機体は偵察を主とし、ある機体は攻撃を、ある機体は全体の護衛をというように任務をインプットしておくなら、あとはドローンに搭載されたAIが連携し、目的の達成に向かうのだ。

近未来、AI搭載型のドローンのスウォームなら、防空システムに対してより狡猾（こうかつ）ともいえる攻撃を仕掛け、無力化していくとも考えられるのだ。

ドローンの群れへの対処が困難である理由は、たんに数が多くて対処に困るからだけではない。コストと見合わない戦いを強（し）いられるからだ。

未来のAI搭載型ドローンの場合、群れを形成するのが小型ドローンなら、数千万円である。モノによっては、1000万円を切ることもあろう。一方、西側の対空ミサイルは1発数百万円、モノによっては5000万円もする。これでは、どんなにドローンを撃ち落としても、経済的に見合わず、経済的な損耗も強いられてしまうのだ。

この先、ＡＩ搭載型ドローンの群れは、戦闘攻撃機や爆撃機とも連動するだろう。有人の戦闘攻撃機や爆撃機には何十機の小型ドローンが搭載され、敵地に近いところで放たれる。ドローンは群れとなって敵地に飛来、目的を達成する。既存の機体はドローンの群れのプラットフォームとなり、ドローンの攻勢を支えることにもなるのだ。

なぜ、マイクロ・ドローンは戦場のありようを変えるのか？
――ブラック・ホーネット・ナノ

現在、ドローンの世界で進んでいるのが小型化である。軍事の世界でもマイクロ・ドローンが登場し、戦場のありようを変えようともしている。

その代表が、ノルウェーのプロキシダイナミクスの開発した「ブラック・ホーネット・ナノ」だ。「ブラック・ホーネット・ナノ」はおよそ10センチ×２・５センチのヘリコプタータイプの超小型ドローンだ。自重は18グラムほどでしかないが、そこに３台のカメラが搭載され、画像を送信する。

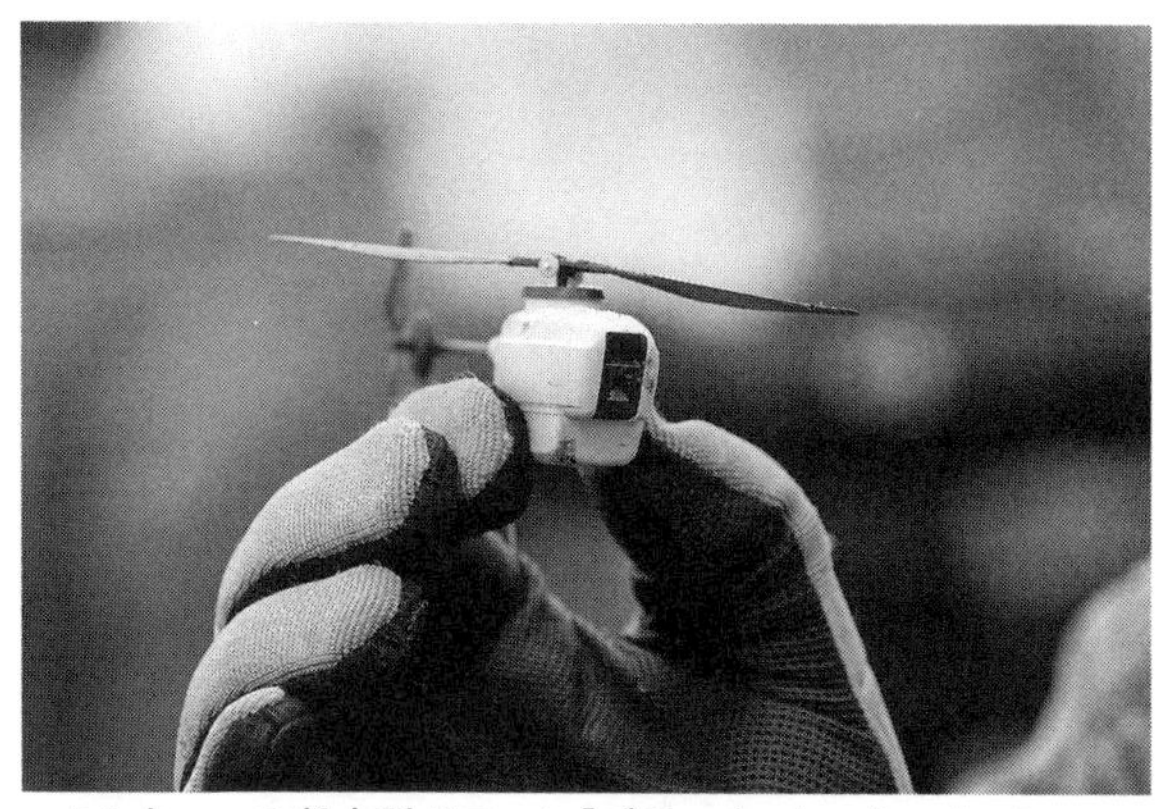

ノルウェーの超小型ドローン「ブラック・ホーネット・ナノ」。アフガニスタンでも使われている（写真：Richard Watt）

いまのところ、飛行時間は20分程度であり、2メートル程度の高度しか飛べない。それでも、その偵察能力は、歩兵の頼みとなっている。

「ブラック・ホーネット・ナノ」の特徴は、何よりもその小ささにある。目立たないので、市街戦にあって、ゲリラの潜んでいそうな建物や路地裏に放てば、危険を事前に察知し、先手を打つことができるのだ。

マイクロ・ドローンという発想は、ドローンでしかありえない。有人の乗り物なら、小さくするにも限界があるからだ。「ブラック・ホーネット・ナノ」は偵察タイプだが、やがては攻撃タイプのマイクロ・ドローンも登場するだろう。攻撃タイプのマイクロ・ドローンを使うなら、建物内に隠れているゲリラを背後からでも攻撃できる。反政府組織が手にするなら、要人暗殺への使用も視野にはいるだろう。各国のすぐれた特殊部隊の兵士も、マイクロ・ドローンには手を焼くことになる。的が小さいから、一発で撃ち落としにくいのだ。

攻撃型マイクロ・ドローンは、やがては「群れ（スウォーム）」を形成する主役になるかもしれない。ＡＩによって集団で行動する武装マイクロ・ドローンの群れに襲われたなら、防戦一方になりかねない。マイクロ・ドローンの群れは、戦場の風景を変えていく可能性をもっているのだ。

新興国のドローンが軍事バランスを変える?!
――ＧＪ－１「翼竜」、ＥＡ－０３「翔竜」

ドローンの開発・運用についてはアメリカが先進国であり、イスラエルがこれにつづく時代があったが、いまは様変わりしようとしている。新たに武装ドローンを手にする国家が登場し、世界の軍事均衡を崩そうともしている。

その筆頭が、中国である。ＡＩによる世界制覇を目標とする中国は、ドローンの有用性にも目をつけていた。すでに中国の民間ドローン会社ＤＪＩは、世界一のド

中国の「翼竜」。カザフスタン軍に使用されている。最大速度280km、搭載量200kg、航続時間20時間（写真：Kalabaha1969）

ローン会社となっている。

中国軍は、そのＤＪＩのドローンを偵察用に使っている。ＤＪＩは多くのドローンを生産しているから、中国軍のドローンによる偵察力はそうとう高いものになる。また、中国軍は前線への食料運搬にもドローンを利用している。

その一方、中国はアメリカのドローンをコピーするようなかたちで、自前の軍事用ドローンを開発していった。中国はＭＱ－１「プレデター」によく似たＧＪ－１「翼竜」を開発、つづいて「グローバルホーク」に相当するＥＡ－０３「翔竜」も運用している。ＧＪ－１に関しては、サウジアラビアやインドネシアなど10か国以上に輸出している。

中国のドローン技術の進化は、西側世界からは脅威でもある。中国電子科技集団公司（CETC）は、2017年に119機からなる固定翼のドローンの「群れ（スウォーム）」飛行を実現させている。これは日本の『防衛白書』にも記されたほどの事件であり、かつてない数のドローンの編隊飛行であった。同じ年、中国の広州億航智能技術は、非固定翼のドローン1000機を同時飛行させている。

中国製ドローンの特徴は、AIの搭載を目指しつつ、それとともに「誰にでも使える」ドローンにするところにある。「誰にでも使える」ドローンなら、多くの国に輸出できるわけで、中国はいまや最大のドローン輸出国になっている。それも、武装型のドローンを数多く輸出しているのだ。

中国以外にも、武装型ドローンの自前開発と生産を目指す国がある。その典型は、イランだろう。イランは墜落したアメリカ製ドローンの残骸（ざんがい）を回収し、そこから自前のドローンを開発していった。イランは、ドローン100機以上を収容する地下基地を建設している。

前述のとおり、第2次ナゴルノ・カラバフ戦争で名をあげたトルコもまた、ドローンの新興国である。

現在、軍用ドローンを保有する国は増加の一途をたどっている。2010年ごろには60か国程度であったが、いまは100か国を超えているのだ。なかでも武装ドローン大国といえば、アメリカ、中国、イスラエル、南アフリカといったところだ。トルコが、この仲間にはいろうとしている。

攻撃型ドローン大国のなかに、英仏独や日本など西側の大国がはいっていないのは、その技術が乏しいことに加えて、もうひとつある。西側の盟主であるアメリカが、自国製の武装ドローンの輸出規制を厳しくしていたからだ。後述のウクライナに供与した「スイッチブレード」にしろ、アメリカはイギリス以外の国には売ってこなかった。

そのため、欧州や日本など西側の先進国はドローンで後れを取っていて、攻撃型ドローンを数多く保有する新興ドローン大国にしてやられかねない立場にあるのだ。このように、ドローンによって、世界の軍事バランスは変わりつつある。

カミカゼ・ドローンと従来のミサイルはどこが違う?
——ハーピー、ハロップ、スイッチブレード

ドローンの一種に、徘徊型(はいかいがた)ドローンがある。別名「カミカゼ・ドローン」「サム

ライ・ドローン」などとも呼ばれる、自爆型ドローンである。

　カミカゼ・ドローンは、２０２２年のウクライナでの戦争にも投入されている。アメリカは徘徊型ドローンである「スイッチブレード」をウクライナに供与し、ウクライナはこれを活用してロシア軍に打撃を与えている。

「スイッチブレード」は、歩兵が担いで使えるほどの小さなドローンであり、筒状のランチャーから発射される。機首部分のカメラによって敵の画像を撮影、操縦者の操縦によって自爆攻撃をおこなう。

「スイッチブレード」以上に高度な徘徊型ドローンといえば、イスラエルのＩＡＩ社の手による「ハーピー」となる。「ハーピー」が第2次ナゴルノ・カラバフ戦争でアルメニアの防空システムを無力化し、その名を高めたことは、すでに述べたとおりである。

「ハーピー」が大いなる脅威となるのは、ひとつには「スイッチブレード」と違い、自律型ドローンの一種だからだ。「ハーピー」は、レーダーなどのマイクロ波を感知するパッシブソナーを搭載している。レーダー波を捉えると、レーダー波の発進源に向かって突入し、自爆する。「ハーピー」には重さ30キロ程度の高性能爆薬も搭載されているから、この自爆によって、敵の急所を無力化していく。

「ハーピー」のような徘徊型ドローンは、対地ミサイルの仲間との位置づけもできるが、従来の対地ミサイルとは異なり、ずっと賢い。徘徊型ドローンは、従来の対地ミサイルと異なり、自律的なのだ。徘徊型ドローンは、攻撃目標を自分で見つけ出すし、見つかるまで徘徊して待つこともできる。攻撃目標が見つからないときには、自分で帰投（きとう）までできるから、ロスも少ない。

イスラエルは「ハーピー」の成功に手応えを得て、「ハロップ（ハーピー2）」も送り出している。これまた徘徊型のドローンであり、「ハーピー」よりも大型だ。ステルス性を帯びていて、敵レーダーの探知をかいくぐって、敵の防空システムを破壊することもできる。その航続距離は、1000キロにもなる。

ドローンが自律型のロボット兵器を目指して進化する理由——KARGU、フョードル

現在、すべてのドローンは、AIを搭載した自律型ドローンに向かおうとしている。つまり、ロボット兵器化しつつある。ロボット兵器は、「LAWS（自律型致死兵器システム、ローズ）」（Lethal Autonomous Weapons Systems）と呼ばれ、人間が関与せずとも、自律的に敵を攻撃し、殺害していく。

ドローンが自律型に向かうのは、ひとつにはより高性能を求めてのことだ。AIを搭載したドローンなら、人間よりも早く、より多くの情報を摑み、情報を処理、判断できる可能性が大きい。その可能性を見越して、ドローンとAIが合体しつつある。

もうひとつの理由は、コストを考えてのことだ。じつのところ、旧来、ドローンの運用にはかなりのスタッフを要する。

ドローンを操るスタッフは、戦場から離れた土地にいる。たとえば、アフガニスタン上空を飛んでいるドローンを操っているのは、アメリカ国内の空軍基地のスタッフといったケースがふつうだ。

ドローンを飛行させるとき、操縦する者が1人、センサーオペレーターが1人、カメラを操作する者が1人必要だが、それだけですまない。MQ-1「プレデター」やMQ-9「リーパー」を24時間態勢で運用するとなると、1機あたりに10人近くのスタッフが必要となってくる。

それに加えてドローンのセンサーを制御するのに、20人程度を要する。ドローンからもたらされるデータを選別するのにも、多くのスタッフが要る。というわけで、ドローンを機能させるには高度の技能をもった数多くのスタッフが必要となる。ドローンの操縦には元パイロットがなることも多く、彼らは高給取りでもあるから、ドローンの運用には高額な人件費もかかっているのだ。

しかも、スタッフはつねに強いストレスを抱えている。残酷な戦場と離れているからラクではないかと思われそうだが、戦場と遠くにあることで心理的なバランスがとりにくくなっているのだ。

たしかにドローンのスタッフは、日々、ふつうの市民として生活している。そこには平和があるが、いったんドローンを動かしはじめると、カメラの前にあるのは戦場であり、酷(むご)たらしい光景さえも待っている。この落差は精神を消耗(しょうもう)させ、気力の維持がむずかしくもなるのだ。

こうした事情で、ランニングコストと人的資源を大幅に削減できるＡＩ搭載の自律型ドローンが注目され、開発が進んでいる。

すでに自律型ドローンとしての「ＬＡＷＳ」は、実戦に投入されているともいわれる。２０２０年、リビア内戦でトルコが自律型致死兵器「ＫＡＲＧＵ（カルグ）」を投入したのではないかと疑われている。「ＫＡＲＧＵ」は、自律型の自爆兵器だ。標的を発見すると、急降下し、爆発する。その爆発時の破片をまきちらすことで、人を殺傷していく。

LAWSの開発に熱心なのは、トルコ以外にロシア、中国、イスラエル、アメリカなどだ。すでに開発している自律型ロボットの軍事への転用もありうる。

たとえば、ロシアの自律型ロボット「フョードル」は、2足歩行し、両手を使った作業もできるとされる。「フョードル」はもともと救助用に開発され、そののち宇宙開発用に転換されている。ただ、その能力、宇宙空間での耐用度を考えるなら、兵器をもった自律型兵器にも転換可能なのだ。

なぜ、極超音速兵器は新たなゲーム・チェンジャーとなるのか？――CSM

現在、新たなゲーム・チェンジャーとして各国が開発を急いでいるのが、極超音速兵器（Hypersonic Weapon）だ。マッハ5を超える極超音速で目標に到達する兵器で、多くは極超音速ミサイルである。

極超音速ミサイルには、ふたつのタイプがある。ひとつは、従来の弾道ミサイルの弾頭に搭載され、弾道ミサイルの飛行中に発射される滑空（かっくう）タイプで、HGV（Hypersonic Glide Vehicle）と呼ばれる。滑空タイプの超音速ミサイルは動力をもたず、グライダーのように超高速で比較的低空を滑空していく。

弾道ミサイルと極超音速兵器の軌道イメージ図

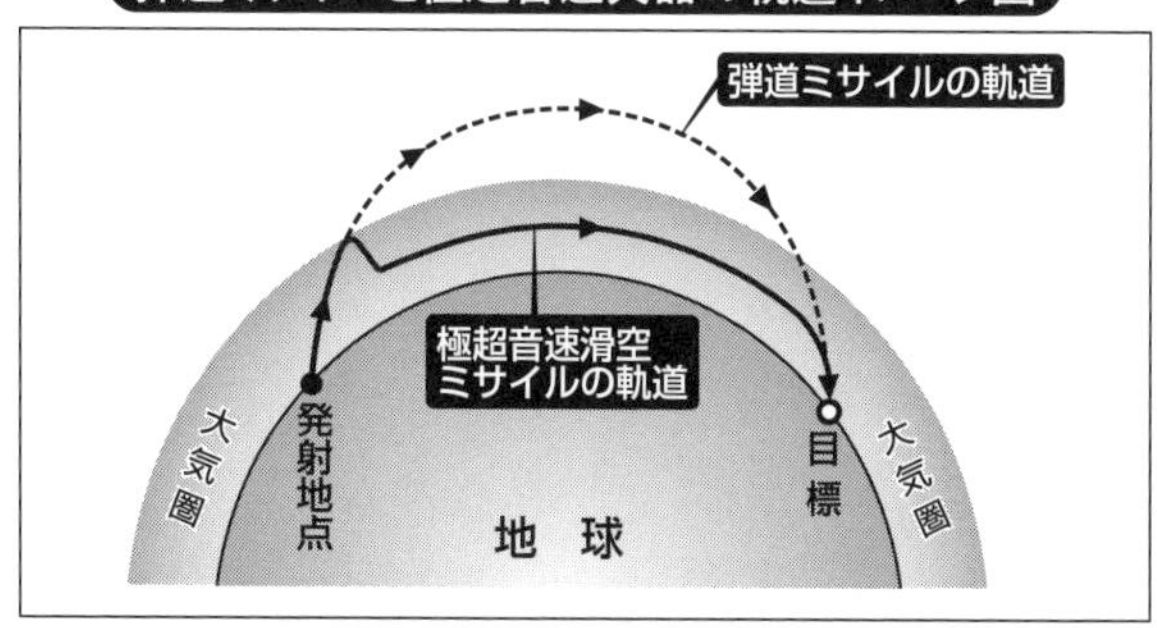

極超音速兵器は大気圏外に出ずに、比較的低空を飛行して目標に突入する

もうひとつは、HCM（Hypersonic Cruise Missile）と呼ばれるタイプであり、自力で飛行する。攻撃機や爆撃機、水上戦闘艦、潜水艦などをプラットフォームとして、スクラムジェットエンジンで高速自力飛行する巡航ミサイルのようなタイプである。

極超音速ミサイルの定義はマッハ5以上となっているが、この数字は、これまでの弾道ミサイルでも計測する速度である。従来の弾道ミサイルの最終弾着速度はマッハ10にもなり、これだけでもミサイル防衛側からは克服しがたい速度である。

一方、極超音速ミサイルが目標としている速度はマッハ5以上、国によってはマッハ10から15くらいを目指している。

その飛来速度そのものが、従来の弾道ミサ

イル以上になるとも思われ、これがひとつの脅威となっている。

しかも、従来の弾道ミサイルよりも目標到達時間がずっと早い。というのは、弾道ミサイルが大気圏外にいったん出て落下しながら楕円のような軌道を描くのと違い、極超音速ミサイルは直進的に進む。大気圏の上層あたりを地球の円周に沿うように進むから、同じ速さの弾道ミサイルがあったとしても、到達時間はずっと早くなるのである。

極超音速ミサイルの原型となったのは、アメリカのＣＳＭ（通常弾頭型搭載打撃ミサイル）である。ＣＳＭの弾頭には三角形の滑空体が搭載され、ミサイルから切り離された滑空体は大気圏への突入と脱出を繰り返しながら、目標に到達していく。つまり、地球の表面をほぼ平行に飛行していく。1万６０００キロの距離に目標があったとき、従来型のＩＣＢＭ（大陸間弾道ミサイル）なら、到達に76分を要するのに対して、ＣＳＭなら52分で到達する。

ミサイル防衛は、秒刻みの勝負である。極超音速ミサイルは、到達時間が既成の弾道ミサイルよりもずっと早く、これがひとつの脅威になっているのだ。

ＨＣＭタイプの極超音速ミサイルの特徴は、巡航ミサイルのように自律型でありながら、弾道ミサイル並みの高速を誇るところにある。その秘密は、スクラムジェットにある。

従来のミサイルを推進させているのは、ラムジェット・エンジンである。ラムジェット・エンジンでは、エンジン内の筒に超音速で圧縮された空気に対し液体燃料を注ぎ、燃焼させ、推力を得る。だが、これだとマッハ5以上の速度は得られない。そこで、ジェット・エンジン内の筒に特別な設計を施して「スクラムジェット」化させると、マッハ5以上の速度が可能となるのだ。

極超音速ミサイルのHCMタイプは、巡航ミサイル型なのに、圧倒的に速い。これもまた、防空システムの脅威になっているのだ。

既存の防衛システムでは、極超音速ミサイルの迎撃は不可能に近い?!——DF-17(東風17号)

極超音速ミサイルが既存の防衛シテスムにとって脅威となるのは、たんに速いからだけではない。極超音速ミサイルが、弾道ミサイルとはまったく異なる軌道で飛翔してくるからだ。

極超音速ミサイルの特徴は、弾道ミサイルのような楕円を描かないところにある。楕円を描く弾道ミサイルは、その軌道、進路を計算することができ、迎撃のシステムを整えることができた。

けれども、極超音速ミサイルは、35ページの図に示したとおり楕円軌道を描かないから、その進路を計算しにくい。

しかも、極超音速ミサイルは弾道ミサイルのような超高空を飛ばない。大気圏外から飛来してくる弾道ミサイルの場合、水平線（地平線）上につねにあるから、地上のレーダーは弾道ミサイルを捉えつづけられる。

一方、極超音速ミサイルは比較的低空を飛ぶので、その飛来の途中までは水平線（地平線）に姿を現すことはない。つまり、地上のレーダー波にはなかなか映ることがなく、映るのは水平線上に姿を現してのちである。となると、地上のレーダーが捉えてから、即応できる時間はごく限られた数分となる。つまり、数分で対応しない限り、極超音速ミサイルの弾着をゆるしてしまうのだ。

さらに、極超音速ミサイルは、弾道ミサイルと異なり、複雑な軌道をとる。極超音速ミサイルには小さな翼が取り付けられていて、その翼を動かすによって、複雑な軌道をとることが可能となるのだ。

つまり、A地点に向けて突入しようとしているように見せかけて、途中で方向を微妙に変えてB地点方向に向かい、最後には本当の狙いであるC地点への着弾という芸当もできる。こうした複雑な軌道は、迎撃する側が計算できるところのものではない。

もうひとつ、滑空型の極超音速ミサイル（ＨＧＶ）の場合、早期警戒衛星の赤外線センサーに映りにくいところも脅威である。

早期警戒衛星の赤外線レーダーは、弾道ミサイルを捉えることができた。弾道ミサイルの推進噴射の熱や大気圏突入時の摩擦熱を捉え、これを逐一地上に送ることができたのだが、滑空型の極超音速ミサイルの場合、噴射をしない。しかも、大気圏に突入しないタイプが多い。そのため、弾道ミサイルよりも10〜20倍、赤外線センサーに映りにくく、これまた既存の防衛システムの脅威となっている。

現在、日米をはじめ西側諸国にとって、最大の脅威となっている極超音速ミサイルといえば、中国の開発したＤＦ-17（東風17号）だろう。ＤＦ-17はただでさえ驚異的な性能を誇るうえ、西側防空システムの穴を突くように設計されている。

ＤＦ-17は地上より発射されたのち、高度70〜１００キロに達したとき、滑空体を切り離す。滑空体は高度30キロから60キロの間を超高速で飛行する。そして、目標に近づいたところで、一気に目標に向かって急降下していく。その急降下時の速度はマッハ10に達する。

ＤＦ–17は、西側のミサイルシステムの「穴」を突くような飛翔をしている。海自のイージス艦が搭載している迎撃ミサイルＳＭ–3ブロックⅠＡの迎撃高度は70〜５００キロに設定されている。高度60キロ以下で飛翔してくるＤＦ–17の滑空体に対応する能力はない。

防空の最後の切り札となる「ペトリオット・ミサイル」ＰＡＣ–3ＭＳＥの迎撃高度は20キロでしかなく、滑空飛翔中のＤＦ–17の滑空体には届かない。最後のチャンスは、滑空体がマッハ10以上で急降下しているときだが、マッハ10以上の飛翔体を迎撃できるかというと困難きわまりないだろう。

中国の極超音速ミサイルＤＦ–17は、西側の防空システムを完全に「時代の遺物」にするものであり、ゲーム・チェンジャーの資格を有しているのだ。

なぜ、中国、ロシアが極超音速ミサイルを先行開発しているのか？——キンジャール

将来のゲーム・チェンジャーといわれる極超音速兵器は、すでに実戦に投入されているといわれる。２０２１年、シリア内戦にあって、ロシア軍は極超音速ミサイル「キンジャール」を使用したという、イスラエル側の報告がある。あるいは、２

ロシア空軍のMiG-31戦闘機に装備された「キンジャール」（写真：ロシア大統領府）

022年のロシア軍のウクライナ侵攻の際にも、「キンジャール」を使ったとロシア側が発表している。

「キンジャール」は、MiG（ミグ）31戦闘機に搭載され、そこから発射される巡航型の空中ミサイルである。極超音速ミサイルとしてはHCMタイプであり、噴出されるといきなりマッハ4まで加速、最終的にはマッハ10にも達する。その射程は、2000キロともいわれる。

「キンジャール」は、高度30キロで飛翔する。これは、中国の極超音速ミサイルDF-17同様、西側のSM-3やPAC-3の防空システムの「穴」を突いていて、ほとんど防空システムにひっかかることなく、目標に到達する。

このように、ロシアや中国は極超音速ミサイルの開発を着々と進め、アメリカをはじめ西側諸国をリードしている。もともと、極超音速ミサイルを構想したのは、すでに述べたようにアメリカだ。たしかに、イギリスやフランス、日本なども極超音速ミサイルの開発に着手しようとしているが、いまのところロシア、中国が先行している。

ロシアや中国が極超音速ミサイル開発で一歩先を行こうとしているのは、彼らが極超音速ミサイルに核搭載を考えているからだろう。

一方、極超音速ミサイルを最初に構想したアメリカは、非核兵器としての極超音速ミサイル兵器を考えていたのだ。

アメリカが極超音速兵器の開発に乗り出したのは、2010年代、オバマ政権の時代である。オバマ大統領は「核なき世界」を目指すとともに、テロリストとも戦わねばならなかった。そのテロ集団と戦うための精密誘導兵器として、極超音速兵器が構想された節がある。

アメリカの構想した極超音速兵器は狙った目標を確実に捉え、その破壊力は尋常ではない。その落下エネルギーによって、テロリストの隠れる強固な施設でも、確実に破壊できる。

そこから、「核なき世界」を唱えるオバマ大統領のアメリカは、強力な非核の精密兵器として極超音速兵器開発に向かったのだ。

ただ、極超音速兵器を精密誘導兵器として開発するなら、その弾着の精確さが問われる。そのため、アメリカは極超音速ミサイル開発に手間取った。

一方、中国やロシアは、極超音速兵器の超高速性能に目をつけ、精確さにはこだわらなかった。極超音速ミサイルに核を搭載するなら、精確でなくとも、敵を粉砕できるからだ。

この中ロとアメリカの極超音速ミサイルへの考え方が、開発速度の差となり、中国、ロシアの先行をゆるしているのだ。極超音速兵器に対抗できる防空兵器は、いまのところない。日本が調達しようとした「イージス・アショア（地上配備型ミサイル迎撃システム）」をもってしても、まったく用をなさない。極超音速ミサイル保有国の恫喝（どうかつ）の前には、屈しざるをえなくなるのだ。

2021年、アメリカはイギリス、オーストラリアとともにAUKUS（オーカス）という軍事同盟を結成した。当初の目的は、オーストラリアに原子力潜水艦を保有させるところにあるが、その先、AUKUSは極超音速兵器の共同開発も目標としている。西側陣営の焦りと逆襲への決意が、AUKUS結成に見られる。

極超音速兵器に対抗しうるのは、レーザー砲やビーム砲ではないかとされる。あるいは、小型衛星を数多く地球の周囲に巡らせ、対処する方法も考えられているが、どの方法も開発にまで時間を要する。

もちろん極超音速ミサイルの本格的運用にもまだ時間を要するようであり、となると極超音速兵器とこれに対抗する兵器に関しては開発競争となる。その競争のバランスが崩れると、覇権国の交代もありうるのだ。

とはいえ、ロシアや中国、さらには北朝鮮や韓国の開発した最新の兵器性能をそのまま鵜呑みにはできない。ロシア、中国側の説明によるなら、極超音速兵器開発に関しては、ロシア、中国が世界の先端をいっている。あるいは後述するように、韓国や北朝鮮は弾道ミサイルの開発に力を入れ、その性能を誇らしげに喧伝している。こうした話は、かなり「盛った」可能性が高いのだ。

ロシアや中国、北朝鮮が自国の開発した兵器の高性能を喧伝するのは、それ自体が抑止効果となるからだ。アメリカや日本など西側諸国にない最新兵器を有していると喧伝するなら、ハッタリにすぎない可能性が高くても、アメリカとてロシアや中国に対して強硬な姿勢をとることは自重せざるをえない。ロシアや中国、北朝鮮は、そのことを計算して、自国の最新兵器を実際のスペック以上に喧伝していると思われるのだ。

中国の量子暗号技術はアメリカの情報覇権を突き崩すか？——墨子号

近未来のゲーム・チェンジャーとして、現在、中国が先行しようとしているのが量子科学の世界である。

量子とは、物理学のもっとも小さな単位であり、原子や原子を形成している電子、中性子、陽子などの世界だ。光を粒子と見たときの光子やニュートリノも量子の概念にはいり、量子の世界はニュートン以来の物理学が通用しない世界になっている。

その未開拓の原野でもある量子力学は、最新軍事技術にも採り入れられようとしている。そのひとつが、量子暗号である。

量子暗号は、あまりに複雑かつ高度すぎて、既存のコンピュータでは解読不能である。その一方、量子コンピュータを使うなら、既存のコンピュータによる暗号はすべて簡単に解読されてしまう。

中国は、その量子暗号で世界の先端にいこうとしているのだ。中国が量子暗号を完成するなら、最強の暗号となり、アメリカやイスラエルをもってしても解読不能となる。他方、アメリカの軍事機密情報は、中国の量子コンピュータによっていとも簡単に抜き取られてしまうだろう。

量子暗号を目指す中国の量子力学の原動力となっているのが、量子コンピュータである。2017年、中国は「光量子コンピュータ」の開発に成功したと新華社が伝えている。光量子コンピュータは、既存のコンピュータとまったく異なる概念からなり、従来のコンピュータよりも圧倒的に処理能力が速い。

2016年、中国は世界初の量子暗号衛星「墨子号」の打ち上げに成功している。「墨子号」は量子通信を可能にする基礎技術の試験を目的とし、中国は大陸間の量子暗号通信にも成功している。

中国がこうして量子暗号を確立していくなら、世界の情報覇権を握るのは中国となるだろう。アメリカや日本の軍事情報はすべて中国によって解読されていくわけで、こうなるとアメリカや日本に勝ち目はなくなる。

軍事の世界の鍵を握るのは、つねに情報である。20世紀の日米戦にあっては、日本海軍や外務省の暗号はすべてアメリカ軍に解読され、アメリカ軍の圧倒的な優位をゆるした。21世紀、中国が世界の暗号をすべて解読してしまうなら、中国に対抗しようという国さえなくなるのだ。

量子科学の発達はアメリカのステルス機をも「丸裸」にする？——量子センサー

中国が量子科学で世界の先端をいくなら、やがて「量子センサー」も手にするかもしれない。量子センサーは、すぐれた索敵（さくてき）レーダーでもあり、アメリカの誇るステルス機でさえも、捕捉できるのだ。

「見えない飛行機」といわれるステルス機をほぼ独占しているのは、アメリカである。F‐22「ラプター」やB‐2「スピリット」爆撃機というステルス機を運用しているがゆえに、アメリカ空軍は無敵であった。「ラプター」や「スピリット」をレーダーで捕捉するのは不可能に近かった。

だが、量子センサーなら「見えない戦闘機」も「見える」ようになるのだ。それは、量子センサーによって細かな気流の変化までを読み取ることができるからだ。

ステルス戦闘機が「見えない戦闘機」といわれるのは、敵のレーダー波をステルス機が吸収し、拡散させてしまうからだ。そのためレーダーに映りにくく、しかもロックオンもできなかった。

これに対して、量子センサーは、レーダーとは原理が別物だ。ステルス機とて、飛翔している限り、空気を切り裂いているから、そこに気流の変化が生まれている。量子センサーによって気流の流れを可視化していくなら、ステルス戦闘機の所在を明らかにすることができるのだ。

こうしてステルス機の「ステルス性」が失われるなら、アメリカは航空優勢の拠り所のひとつを失うことになる。量子センサーはゲーム・チェンジャーとなって、「空の帝国」アメリカの時代を終わらせるやもしれないのだ。

2

熾烈な開発競争が再燃！
ミサイル、宇宙兵器の現在

アメリカが中国の中距離弾道ミサイルを警戒する理由 ——DF-21（東風21号）、DF-28（東風28号）

現在、アメリカが本腰を入れて配備にかかっているのが、中距離弾道ミサイル（IRBM）だ。中距離弾道ミサイルの射程距離は、3000〜5500キロ程度であり、相手国の奥深くまで届く。準中距離弾道ミサイルの場合、射程は1000〜3000キロ程度になる。それ以下の射程が短距離弾道ミサイルとなる。

アメリカが中距離弾道ミサイルの生産・充実に力を注ぎはじめているのは、中国に対抗するためである。現在、中距離弾道ミサイルを大量に保有しているのが中国だからだ。先に紹介した中国の極超音速ミサイルとされるDF-17も、中距離弾道ミサイルである。

中国がアメリカやロシアより中距離弾道ミサイルで先行しているのは、INF（中距離核戦力全廃）条約の網の目を潜る（くぐ）ことができたからだ。冷戦末期、INF条約がアメリカとソ連の間で結ばれた。ソ連が崩壊してのちも、ロシアはINF条約を引き継いできた。INF条約はヨーロッパの平和に寄与したが、その一方、中国の台頭をもたらすものであった。中国が、INF条約に加わることがなかったから

中国の「東風21号A」（1996年に導入された21号の改良型）

だ。当時、すでに中国は中距離弾道ミサイルを保有していたが、まだ数が少なく、脅威とは見なされなかった。当時の中国は鄧小平による改革開放の進んだ時代であり、西側諸国は中国を好意的な目で見つづけてきた。

中国の中距離弾道ミサイルは問題にされず、これをいいことに、その後、中国は中距離弾道ミサイルを充実させ、世界一の中距離弾道ミサイル保有国にもなったのだ。

中国は、中距離弾道ミサイルを数多く保有するにしたがって、威嚇的になっている。2020年8月、中国は中距離弾道ミサイル4発を南シナ海に発射している。DF-21とDF-28と見られ、中国大陸の内陸から発射され、海南島沖に落下している。

中国は、アメリカや日本に対してその中距離弾道ミサイルの能力を見せつけたのだ。

中距離弾道ミサイルの厄介なところは、その射程距離の長さとともに、発射の事前察知がむずかしいところにある。長距離の弾道ミサイルであるＩＣＢＭ（大陸間弾道ミサイル）の場合、その大重量ゆえに地上基地からの発射型となる。ＩＣＢＭは基地の地下深くにあるサイロに格納されている。そのため、基地を監視さえすれば、ＩＣＢＭの発射動向は事前に察知しやすい。

けれども、中距離弾道ミサイルの場合、比較的軽量、コンパクトだから、車両に搭載できるのだ。つまりトラックやトレーラーなどの車両から発射できるので、発射の動きを事前に察知しにくく、その分だけ、迎撃に手間取るのだ。

ただ、アメリカも中距離弾道ミサイルで中国の独走をゆるすわけにはいかなくなった。２０１９年、トランプ政権のアメリカはＩＮＦ条約から脱退、中距離弾道ミサイルの本格配備に動き出している。

中国の南シナ海、東シナ海での覇権のカギとなる「グアムキラー」とは——ＤＦ−26（東風26号）

中国の保有する中距離弾道ミサイル（ＩＲＢＭ）のなかで、アメリカへの大きな脅威になっているのが、ＤＦ‐26（東風26号）である。ＤＦ‐26には「グアムキラー」の異名があり、グアム島のアメリカ軍基地を照準内に入れている。

ＤＦ‐26の射程距離は、３５００キロとも４０００キロともいわれる。ＤＦ‐26ならば、中国大陸の内部から発射してのち、西太平洋のグアム島にまで着弾できるのだ。アメリカは、グアム島に大きな基地を設けている。これまでグアム島は、中国の攻撃圏外と考えられてきたが、ＤＦ‐26配備によってグアム島は危なくなってきた。

ＤＦ‐26には核搭載能力もあり、核を搭載したＤＦ‐26なら、グアム島のアメリカ軍基地を完全に破壊できるだろう。

DF-26の射程範囲

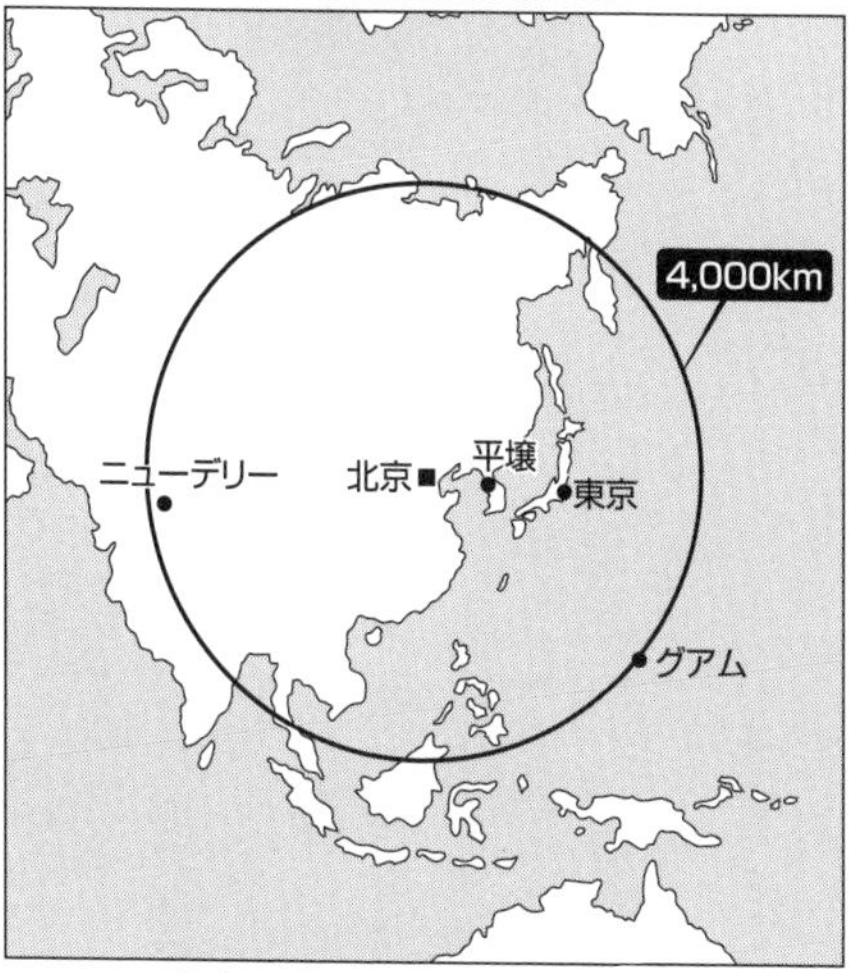

北京を中心とした場合の範囲
（参考:『令和４年版防衛白書』）

中国がＤＦ－26をはじめとする中距離弾道ミサイルの開発に熱心なのは、アメリカ軍を中国の勢力圏に近づけたくないからだ。

アメリカは極東においては、日本と韓国に軍事基地を設けている。中国にとって、アメリカの軍事基地は邪魔以外の何物でもなく、中国の中距離弾道ミサイルは日本と韓国の米軍基地を射程内に入れている。

極東で有事になれば、中国は中距離弾道ミサイルによって、日本と韓国の米軍基地を無力化できる。その想定から、アメリカの軍や政権の内部では、極東からの米軍の撤退も検討されているくらいだ。近未来、本当に米軍が極東から撤退するようなことがあるとしたら、それは中国の中距離弾道ミサイルの充実を恐れてのこととなるだろう。

さらにＤＦ－26によって、グアムまでもが中国の中距離弾道ミサイルの射程内にはいっているとしたら、アメリカはグアム島からの撤退も視野に入れなければならなくなる。

中国の中距離弾道ミサイルは、アメリカを西太平洋から叩き出すための兵器でもあるのだ。

なぜ、韓国、北朝鮮はSLBMの開発でしのぎを削るのか？——玄武4-4、北極星

２０２１年、韓国海軍の潜水艦「島山安昌浩（トサンアンチャンホ）」からＳＬＢＭ（潜水艦発射弾道ミサイル）「玄武（ヒョンム）４-４」が発射され、目標に命中したと、韓国大統領府は発表した。これにより、韓国はＳＬＢＭ保有国になったとされる。

ＳＬＢＭは、弾道ミサイルのなかでも、核抑止力の切り札となってきた。核を搭載する弾道ミサイルには、大きく分けてＩＣＢＭ（大陸間弾道ミサイル）とＳＬＢＭがある。

このうち、ＩＣＢＭは地上の基地発射という点で、敵国に監視されやすい。基地には重厚な防禦（ぼうぎょ）がなされているとはいえ、移動できないため、敵に狙われやすい。核戦争ともなれば、敵は真っ先にＩＣＢＭの発射基地を潰しにかかってくる。

これに対して、ＳＬＢＭを搭載した潜水艦は海中深くにあり、しかも隠密裏（おんみつり）に移動できる。所在位置を敵に捕捉されにくく、ＩＣＢＭの基地が破壊されても、潜水艦から発射したＳＬＢＭによって、敵に報復核攻撃ができる。

だから、ＳＬＢＭを搭載した潜水艦がある限り、敵はめったなことができず、核

抑止力になっているのだ。

実際のところ、核保有国のほとんどはＳＬＢＭを保有している。現在、核保有国はアメリカ、ロシア、中国、イギリス、フランス、イスラエル、インド、パキスタン。これに北朝鮮を加えるなら９か国だ。このうち、アメリカ、ロシア、中国、イギリス、フランス、インドの６か国は確実にＳＬＢＭを保有している。北朝鮮もＳＬＢＭ「北極星」を開発しているから、韓国、北朝鮮は７番目、８番目のＳＬＢＭ保有国になっているのだ。

ＳＬＢＭ保有国は、すべてＳＬＢＭに核を搭載している。ということは、韓国もまた将来、（アメリカが許容するかどうかという問題はあるものの）核保有国となり、ＳＬＢＭに核を搭載することを視野に入れているといっていい。核搭載のＳＬＢＭを運用する限り、通常型の潜水艦ではなく、原子力潜水艦も必要になる。韓国は近未来に原潜までも開発し、原潜でＳＬＢＭを運用しようとしていると見られる。

韓国がＳＬＢＭの開発・保有にはしったのは、北朝鮮への対抗だけでなく、竹島の領有をめぐって対立する日本に対し、優位に立ちたいという願望もあるだろう。

もちろん、韓国が核搭載のＳＬＢＭを開発するまでには、さまざまな妨害や困難があるだろう。ただ、韓国はＳＬＢＭを発射させたことで、核保有への道を歩みはじめたともいえるのだ。

北朝鮮はなぜ、ICBMの開発に死に物狂いなのか？――火星

ＩＣＢＭ（大陸間弾道ミサイル）は、もっとも射程距離の長い弾道ミサイルだ。その射程は５５００キロ以上であり、多くは８０００～1万キロにもなる。太平洋、大西洋を越えて、敵国の中枢に着弾する弾道ミサイルとして構想された。

ＩＣＢＭが誕生したのは、アメリカとソ連の冷戦期である。当初、核兵器の運搬・投下は大型爆撃機の任務とされたが、爆撃機の飛行速度は遅く、しかも敵のレーダー網にひっかかりやすい。

敵の対空ミサイルや戦闘機の前に核搭載の大型爆撃機は脆弱（ぜいじゃく）であり、そこから爆撃機に頼らない核投下の手段として、ＩＣＢＭが構想された。

目下、ＩＣＢＭを大量に保有しているのは、アメリカ、ロシア、中国の3か国である。これにインド、イスラエルが加わり、さらに北朝鮮もＩＣＢＭ保有国になったと目されている。

１９９０年代以降、北朝鮮は弾道ミサイルの開発実験を繰り返してきた。それが

「テポドン」にはじまり、「火星14号」「火星15号」「火星17号」となっている。

北朝鮮は世界の最貧国のひとつであり、経済は停滞している。そのため軍の近代化もままならない。そんな北朝鮮が弾道ミサイルの開発に傾注したのは、弾道核ミサイルの保有こそが大国に伍(ご)しうる条件であると考えているからだ。

金日成(キムイルソン)・正日(ジョンイル)、正恩(ジョンウン)という3代にわたる北朝鮮の最高指導者は、中国のあり方をモデルにしてきたと思われる。中国が核実験を成功させたのは、１９６４年のことである。つづいて中国はＩＣＢＭであるＤＦ-5(東風5号)を完成させる。その開発は１９６０年代にはじまり、１９８０年代には完成された形で姿を現す。

中国は文化大革命の混乱期、経済破綻の時代にあっても、核搭載のＩＣＢＭ保有にはしりつづけ、これを完成させた。核搭載のＩＣＢＭ保有に成功した中国は、アメリカ、ソ連からも一目置かれる存在になり、国際的に大きな発言力も有するに至っていた。北朝鮮の金一族は、核搭載のＩＣＢＭを有した中国の達成を見て、中国にならおうとしている。

実際、金正恩の北朝鮮は目標を半ば達成しつつある。２０１７年7月4日、北朝鮮はＩＣＢＭ「火星14号」の発射実験を成功させたと伝えた。「火星14号」の発射実験日7月4日は、アメリカの独立記念日であり、北朝鮮のアメリカに対するあからさまな挑発であった。同年には「火星15号」を発射し、ますますアメリカを苛つかせていた。

北朝鮮に対してアメリカのトランプ政権がひそかに練っていたのは、金正恩暗殺作戦であったという説もある。しかし、2018年、金正恩とトランプ側の妥協は、両者による「米朝首脳会談」を実現させる。北朝鮮の最高指導者・金正恩は、ICBMを手にしたことで、超大国アメリカの大統領とも差しで話すほどになったのだ。

このように、北朝鮮にとってICBMは破壊兵器というよりも、大国に対抗するためのカードという側面が強い。実際のところ、北朝鮮のICBMがアメリカの防空網をかいくぐって着弾する可能性は低い。それでもICBMを保有したと宣言することで、北朝鮮は大きな政治力を手に入れているのだ。

米ロのICBM開発競争が再び激化した事情とは――RS-28「サルマト」、センチネル

最強の破壊兵器であるICBM（大陸間弾道弾）は、じつは最新兵器とは言いがたい。前世紀に開発し尽くされたところがあり、新機軸を採用したICBMはそうは登場していない。中国の最新ICBMであるDF-41とて、斬新なICBMでは

ない。

実際のところ、ＩＣＢＭ開発をリードしてきた大国アメリカはここ数十年、新型のＩＣＢＭの開発に着手してこなかった。アメリカは１９８６年に新型ＩＣＢＭ「ピースキーパー」を配備してのち、新たなＩＣＢＭを開発していない。その「ピースキーパー」も、冷戦後に国防費の削減対象と見なされ、２００５年には退役させられている。

現在、アメリカが保有しているＩＣＢＭは、１９７０年生まれの「ミニットマンⅢ」のみなのだ。アメリカは半世紀まえに開発したＩＣＢＭを、唯一のＩＣＢＭとして保有しつづけているのだ。アメリカがいくつかのＩＣＢＭのうち、「ミニットマンⅢ」のみを残したのは、「ミニットマンⅢ」が小型だったからだ。重量は35トン、全長18・2メートルとコンパクトであり、価格も安かったのだ。

そうしたなか、ロシアは野心的なＩＣＢＭを開発したとされる。ＲＳ-28「サルマト」である。２０２２年、ロシアはウクライナとの戦争中にもかかわらず、「サルマト」の発射実験をおこない、成功したと伝えている。

ロシアの喧伝（けんでん）するところによれば、「サルマト」は次世代のＩＣＢＭである。最大射程距離は、１万８０００キロにもなり、「ミニットマンⅢ」の最大射程距離１

万3000キロをはるかに凌ぐ。地球のどこであれ、「サルマト」なら1時間で到達する。「サルマト」には15の核弾頭が搭載され、その威力は広島に投下された原爆の2000倍の威力をもつという。

さらに「サルマト」の最高速度は、マッハ20にも達するという。これほどの極超音速では、迎撃もむずかしい。

ロシアが新型ICBMであるRS-28を開発してきたのは、ロシアの国威発揚のためでもあるだろう。1990年代、ソ連が崩壊してのち、ロシアは破綻国家同然となり、「栄光のロシア」は色褪せた。そうしたなか、プーチン大統領は、「栄光のロシア」「強いロシア」を取り戻そうとした。かつてソ連が世界の一方で覇を唱えることができたのは、強力な核兵器があったからだ。そう認識したプーチンは、新たなるICBMの開発を推し進め、ロシアの威厳の回復を狙っている。それが、国民の強い支持を取り付ける力になることも知っている。

一方、アメリカも現在、老朽化した「ミニットマンⅢ」の後継ICBMとして、「センチネル」の開発をはじめている。ロシアの「サルマト」への対抗の意図もあるだろう。

「核のボタン」は、誰がどのように管理しているのか？――核のフットボール

核戦争が現実化する恐れが高まり、昨今注目されているのが、「核のボタン」である。本当のところ、最高指導者が押す「核のボタン」は存在するのだろうか。

アメリカを例にとれば、大統領は「核のボタン」を押さない。大統領は、ただ命令するだけだ。

たしかに、アメリカ大統領は「核のボタン」をつねに持ち歩いているようにも見える。アメリカ大統領のいくところ、かならず黒いアタッシェケースを手にした随行員の姿がある。黒いアタッシェケースの正式の名は、「大統領緊急カバン」。異名として「核のフットボール」の名で呼ばれているから、アタッシェケースの中には「核のボタン」があると思う人もいるだろう。

ホワイトハウスの軍務室のトップであったウォーレン・ガリーの著書『ブレイキング・カヴァー』によるなら、「核のボタン」ははいっていない。あるのは、報復措置を記した黒い手帖、「極秘の場所」を一覧化した本、8ページから10ページほどの紙を挟んだマニラフォルダー（マニア麻でできたファイルホルダー）、認証コー

ドが書かれたカードの4点セットである。

ただ、「核のフットボール」は、連絡機器にもなっている。カバンを開けると、統合参謀本部に指令信号やアラームを送れるようになっているのだ。

では、大統領はどうやって核攻撃の命令を出すかというと、「ビスケット」と呼ばれる暗号入りのカードに基づく。暗号入りカード「ビスケット」は、大統領がつねに携帯している。「ビスケット」によって、大統領が大統領本人であることが認証され、大統領の命令が始動するのだ。

こうして大統領の発射命令によって、ICBMの発射準備がはじまり、発射となる。アメリカ大統領は「核のボタン」を押すのではなく、発射を命令する。アメリカでは、その発射命令ができる唯一の人物なのだ。大統領が死亡してしまった場合、副大統領がその任にあたる。

ロシア発の〝核戦争の危機〟が現実味を帯びる理由――死者の手

核のボタンの事情について、ロシアはどうかというと、ロシアにも「核のフットボール」のような黒いカバンが存在する。プーチン大統領の随行員のなかには、黒いカバンをもった人物がいて、そのカバンこそがロシア版「核のフットボール」と思われるが、ここに「核のボタン」があるかどうかはわからない。

ただ、ロシアの場合、大統領が命令をしなくても、核攻撃ができるシステムを有しているといわれる。それは、「死者の手」と呼ばれる核兵器自動制御システムだ。「死者の手」は、ロシア西部のコスビンスキー山の地下基地にあるといわれる。

「死者の手」は高度なＡＩシステムであり、ＡＩがロシアの非常事態を認識したとき、核兵器の使用を命令できるようになっている。一定期間、大統領や参謀本部と連絡できない状態がつづいたとき、ＡＩはロシアが核攻撃を受けたと判断する。ＡＩは、ただちに報復の核攻撃の指令を発する。

その非常事態には、たとえば大統領の暗殺も含まれるという見方がある。たとえば、プーチン大統領が暗殺されたとき、司令部のＡＩがこれをロシアの非常事態と認識するなら、核攻撃を命令するのだ。

プーチン大統領暗殺論は、西側世界ではしばしば説かれるところだ。が、これはじつは世界を恐るべき危険に晒（さら）すことになるかもしれないのだ。

また、ロシアはかつて「核のボタン」を押したことがある。それは、１９９５年、米ソの冷戦が終わったのちのエリツィン大統領時代のことだ。事件は、「ノルウェー・インシデント」と呼ばれる。

同年1月25日、ロシアの監視システムが、ノルウェー方向からモスクワに向かって高速で動く飛翔体を捉えた。参謀本部はノルウェー沖からモスクワへ核攻撃がおこなわれたと解釈し、エリツィン大統領は「核のボタン」を押したといわれる。

正確にいえば、当時、ロシアにはコードネーム「チェゲート」という、大統領が保管する核兵器の起動システムがあった。エリツィン大統領は「チェゲート」を作動させ、核攻撃の命令を軍に送信したというのだ。

けれども、核戦争は起こらなかった。ロシアの核兵器起動システムが、うまく作動しなかったという説もあれば、アメリカを信頼してきたエリツィン大統領が躊躇（ちゅうちょ）し、結局、システムを作動させなかったという説もある。

その後、明らかになったのは、ノルウェー方面から発射された飛翔体（ひしょうたい）は、ノルウェーのオーロラ観測ロケットであったことだ。あらかじめノルウェー側はロシア大使館にこの打ち上げを予告していたが、ロシア大使館は本国の外務省に報告していなかった。そのため、ロシア政府はオーロラ観測ロケットをＳＬＢＭと誤って解釈し、世界を破滅させかけたのだ。

経緯の詳細は諸説あるが、これがロシアのひとつの現実である。ロシアは高度な軍事技術を有しながら、その組織が完全に機能していない時代もある。組織の連絡不行き届きといった初歩的な怠慢(たいまん)が、悲惨な戦争を招きかねない一面があるのだ。

対艦弾道ミサイルの開発に中国だけが躍起になるのはなぜ？——ＤＦ-21Ｄ

弾道ミサイルのほとんどは、敵の都市や軍事施設の破壊を目指したものだが、特殊なタイプもある。そのひとつが、対艦弾道ミサイル（ＡＳＢＭ）だ。

対艦弾道ミサイルの開発・保有にことさらに熱心なのが、中国である。中国以外のどの国も対艦弾道ミサイルにはほとんど関心がなく、中国のみが対艦弾道ミサイルの可能性に賭けているところがある。

中国が保有する対艦弾道ミサイルには、ＤＦ-21Ｄ（東風21号）、ＤＦ-26Ｂ（東風26号）などがある。ＤＦ-21の射程距離は２１５０キロであり、準中距離弾道ミサイルという位置づけだ。その対艦弾道ミサイルタイプが、ＤＦ-21Ｄとなる。

ＤＦ-26Ｂの原型は、「グアムキラー」とも呼ばれる中距離弾道ミサイルＤＦ-26であり、射程距離は３５００キロとも４０００キロとも目されている。このＤＦ-26が、ＤＦ-26Ｂ対艦ミサイルにもなっているのだ。

中国のDF‐21D、DF‐26Bが狙っているのは、アメリカの空母である。そこから、「空母キラー」との異名をとっている。

有事にあって、アメリカ海軍の空母打撃部隊が中国近海に接近するなら、中国はDF‐21Dを打ち上げる。DF‐21Dは、アメリカの大型空母をピンポイントで仕留め、アメリカの誇る空母打撃部隊を一瞬にして壊滅させる腹積もりだ。

近未来、中国が悲願である台湾の接収のため、台湾に軍事侵攻するなら、アメリカはおそらく台湾沖に空母の派遣を検討してくるだろう。かりにアメリカが空母を台湾沖に遊弋(ゆうよく)させるなら、DF‐21Dを発射して、その餌食(えじき)にしてしまえばいい。

これを恐れたアメリカが空母の派遣をためらうなら、台湾への侵攻はより容易になる。

DF‐21Dの攻撃を防ぐことはむずかしいとされる。アメリカ海軍なら、イージス艦の装備する迎撃ミサイルSM‐3を発射させるしかない。が、本当に確実に撃墜できるかどうかが問題だ。撃墜できなければ、主力艦の喪失が待っている。

また、アメリカ空母から飛び立つ「スーパー・ホーネット」の行動半径はおよそ1500キロに近い。新たに空母に搭載されるF‐35なら、およそ1100キロになる。DF‐21Dの射程距離はそれ以上だから、アメリカ空母の艦載機(かんさいき)がDF‐21D

の発射装置を撃破することは至難なのだ。

　あるいは、もし中国が日本の尖閣諸島奪取を行動に移したとしたらどうだろう。中国はＤＦ－21Ｄを発射させ、日本の改造空母「いずも」やヘリ空母「ひゅうが」「いせ」、イージス艦などを海の藻屑にできるのだ。

　中国が対艦弾道ミサイルの開発・保有に熱心なのは、中国が覇権を確立したい南シナ海、東シナ海にアメリカの空母部隊を入れたくないからだ。

　中国の近海戦略の核心は、「Ａ２／ＡＤ（接近阻止・領域拒否）」といわれる。「Ａ２」とは「Anti-Access」、つまりアクセスを拒否すること。「ＡＤ」とは「Area-Denial」、つまり特定エリアでの行動をゆるさないことだ。

　中国がＤＦ－21Ｄの開発にはしったのは、１９９５年の台湾沖ミサイル危機という苦い経験があったからだ。１９９６年、台湾では初の民主的な総統選がおこなわれることとなり、最有力候補は李登輝であった。中国は台湾の民主的選挙の成功と李登輝の当選を嫌い、１９９５年、台湾沖にミサイルを発射し、台湾を威嚇してみせた。これに対して、アメリカが空母２隻を台湾沖へと派遣すると、中国は沈黙するよりほかなかった。

　中国は、この屈辱的な経験を教訓に、アメリカ空母を完全無力化するため、中距離弾道ミサイルの技術を発展させ、DF‐21Dを完成させた。それは、だいたい2010年ごろのことだ。

米海軍を牽制する中国の「空母キラー」兵器とは――DF‐26B

中国の最新の対艦弾道ミサイル（ASBM）は、2018年より配備がはじまったDF‐26Bである。DF‐26Bの射程は、先述のDF‐21Dよりも長く、3500キロとも4000キロともいわれる。DF‐26は、アメリカのグアム島基地までを射程内に収めている。

それは、中国の考える「第二列島線」内をカバーした対艦弾道ミサイルであるともいえる。第二列島線は、小笠原諸島からグアム島、ニューギニア島西部までを結んでいる。中国のDF‐26Bなら、第二列島線内に遊弋（ゆうよく）するアメリカ空母打撃部隊にも鉄槌（てっつい）を下（くだ）すことができるのだ。

「空母キラー」としてのDF‐26Bの存在は、アメリカ軍の大きな脅威となっている。アメリカは既存のDF‐21Dの存在を警戒し、空母を南シナ海や東シナ海方面に動かすことをためらうようになっていた。

中国の海洋戦略

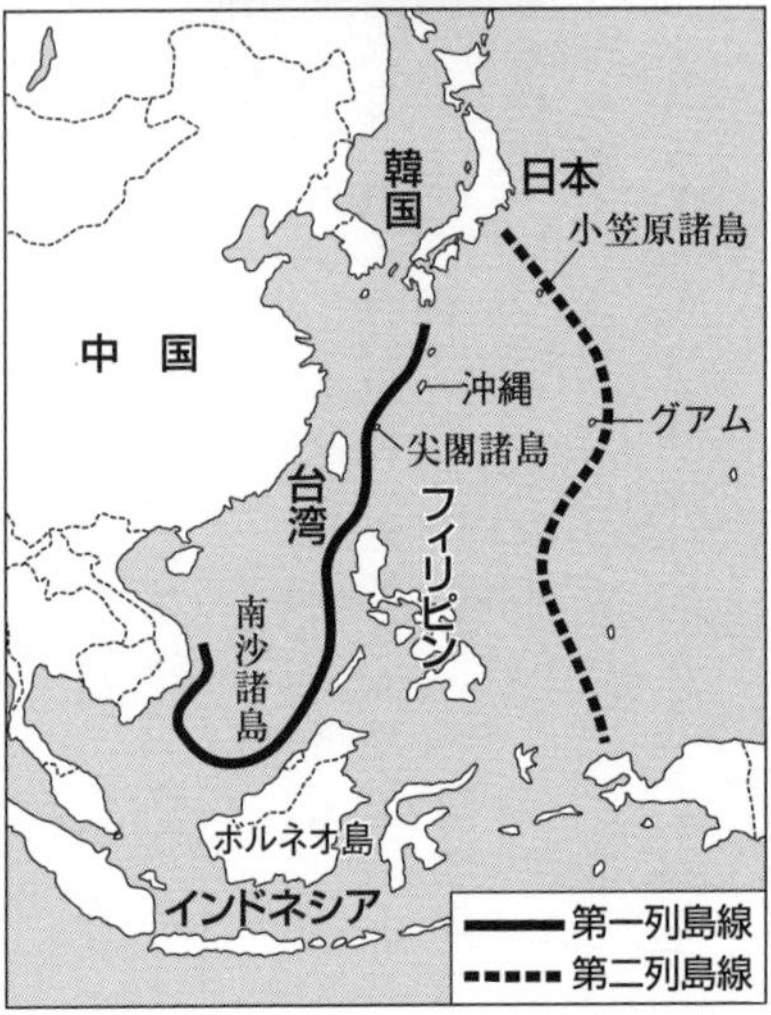

そこにDF-26Bの登場によって、アメリカ空母の動きが一段と悪くなっているのだ。台湾有事を想定したアメリカ海軍と海自の演習にあっても、アメリカの空母部隊は第二列島線の内側にはいらないようにしているという。中国の思惑どおりになっているのだ。

ただ、実際のところ、本当に「空母キラー」DF-21D、DF-26Bがアメリカ空母を粉砕するかどうかには疑問視する向きもある。中国の対艦弾道ミサイルは、アクティブ・レーダー・ホーミング誘導と赤外線画像誘導の併用といわれる。

これにより精度の高い弾着が可能というのだが、都市や軍事施設と違って、空母は移動する物体である。動く物体をピンポイントで直撃できる能力が、「空母キラー」

ミサイルに本当に備わっているかどうか、ということだ。

中国の対艦弾道ミサイルへの疑念は、他国が同様の対艦弾道ミサイルを開発しないところにある。アメリカのライバルであるロシアも、ソ連時代に対艦弾道ミサイルを開発しようとしたことがあるが、断念している。

また、中国の対艦弾道ミサイルの脅威にさらされているアメリカもまた、対艦弾道ミサイルを断念してきた経緯がある。

アメリカとソ連には、中距離核戦力の放棄を合意しＩＮＦ条約に縛られた側面もあった。しかし、ＩＮＦ条約に抵触しない形で、対艦弾道ミサイル開発を進めてもおかしくない。

アメリカやロシアが対艦弾道ミサイルの開発を放棄した歴史を見るなら、中国の対艦弾道ミサイルの精度には疑わしさが拭いきれない。

ただ、いかに中国の対艦弾道ミサイルの精度に疑念があったところで、対艦弾道ミサイルはアメリカ空母の脅威として存在しつづける。もしかりにピンポイントで空母が撃破された場合の衝撃が、とてつもなく大きいからだ。結局、中国の対艦弾道ミサイルの前に、アメリカ空母は自制せざるをえないのだ。

なぜ、日本は巡航ミサイルの保有に動きはじめたのか？
——トマホーク、ネプトゥーン

長距離を飛翔するミサイルには、弾道ミサイルだけでなく、巡航ミサイルもある。巡航ミサイルは、飛行機と同じく推進力と翼をもち、長距離を自律飛行ののち、目標に弾着する。

巡航ミサイルの代表といえば、アメリカのBGM－109「トマホーク」であろう。「トマホーク」が武名を馳(は)せたのは、1991年の湾岸戦争だろう。アメリカの巡洋艦、駆逐艦、潜水艦などから「トマホーク」が一斉に発射され、イラクの軍事施設をピンポイントで破壊してみせた。トマホークの速度は880キロ、射程は1650キロから最大3000キロに達する。

近年、その名を世界に轟(とどろ)かせた巡航ミサイルは、ウクライナ軍の保有していたR－360「ネプトゥーン（英名ネプチューン）」だろう。「ネプトゥーン」は対艦巡航ミサイルであり、ロシア軍のウクライナ侵攻にあっては、ロシア海軍の巡洋艦「モスクワ」を直撃、撃沈してみせた。

「ネプトゥーン」は、ロシアのKh－35対艦ミサイルを原型としている。Kh－35自

アメリカの潜水艦から発射される巡航ミサイル「トマホーク」。時速880km。射程は最大3,000km

体、アメリカの「ハープーン」ミサイルの模造ではないかとされるが、ともかくピンポイントで大型軍艦を沈めてみせたのだ。

巡航ミサイルと弾道ミサイルの違いは、速さ、射程、精度、飛行高度にある。弾道ミサイルはいったん大気圏外に出たのち、楕円を描くように落下していく。その最終落下速度はマッハ10にも達する。しかも、射程距離はＩＣＢＭともなれば1万キロを超える。一方、巡航ミサイルの速度はたいていマッハ以下である。射程距離はおおむね２０００キロ以下であり、短距離弾道ミサイルか、準中距離弾道ミサイルのレベルにしかない。

しかし、巡航ミサイルは弾道ミサイル

に比べ、精度にすぐれ、発見されにくい特長をもつ。巡航ミサイルの精度の高さは、そのシテスムによる。巡航ミサイルには地形照合システムがあり、地形に合わせて修正をおこないながら、目標に向かって飛翔する。そして光学式走査システムによって攻撃目標を探し出し、あらかじめインプットされた映像と照合する。こうして目標の正確な位置を把握して突き進むから、高い精度の弾着が得られるのだ。

また、巡航ミサイルは、地上、水面を低空で飛ぶ。そのため、レーダーに映りにくく、迎撃しづらい。加えて、対空ミサイルを発射したとしても、巡航ミサイルの的は小さいから、当たりにくい。「トマホーク」を例にとるなら、全長6・25メートル、直径0・52メートルほどでしかないからだ。

巡航ミサイルを保有している国は、意外と多い。アメリカ、ロシア、中国はもちろんヨーロッパの先進諸国、インド、ウクライナ、東アジアにあっては韓国、台湾も保有している。だが、日本は憲法上の制約もあって保有していない。

その日本が、近年、巡航ミサイルの保有に動こうとしている。ひところはアメリカから「トマホーク」の調達も視野にあったようだが、現在は「スタンドオフミサイル」という形で巡航ミサイルの国産化に向かおうとしている。「スタンドオフミサイル」は、空自の戦闘機F-15J「イーグル」に搭載される予定があり、その射程は1000キロに達するという。

この動きは、尖閣諸島をはじめとする島嶼（とうしょ）戦闘を想定してのことだ。中国が尖閣諸島に向けて駆逐艦群を動かしてきたとき、これに長距離から対処するのが、「スタンドオフミサイル」となるだろう。

自衛隊の「イージス・アショア」導入が中止となったわけは？
――弾道ミサイル防衛システム

弾道ミサイルの脅威から国を守るには、いまのところ弾道ミサイル防衛システム（BMD）を保有するしかない。現在のところ、たとえばアメリカが運用するミサイル防衛システムには、「GBI（地上配備迎撃）」「THAAD（サード／終末高高度防衛）」「イージス艦による弾道ミサイル防衛システム」「イージス・アショア」「ペトリオット・システム」などがある。

「GBI」は、ICBMを宇宙空間で撃墜するためのミサイルだ。ICBMの飛行ルートは、「地上から大気圏外に出るまで」「大気圏外を飛行中」「大気圏に再突入して落下」の3段階に分かれる。このうちもっとも飛行時間が長いのは、「大気圏外を飛行中」だ。そのもっとも飛行時間の長い間に、撃墜してしまおうというのが、

ＧＢＩだ。

ただ、ＧＢＩがＩＣＢＭを撃墜する確率はそう高くない。そのために「二の矢」として用意されているのが、「ＴＨＡＡＤ」「イージス艦による弾道ミサイル防衛システム」「イージス・アショア」などだ。

「イージス艦による弾道ミサイル防衛シテスム」は、イージス・システムと連動した対空ミサイル・システムだ。イージス・システムとは、もともとは敵航空機から発射された多数のミサイルによる飽和（ほうわ）攻撃に対処するためのものだ。そのシステムは弾道ミサイルにも対応でき、イージス・システムを搭載しているのは、イージス艦である。

イージス艦には、ＳＭ-３「スタンダード・ミサイル」が搭載されている。イージス・システムによりＩＣＢＭの弾道を予測したイージス艦は、ＳＭ-３を発射させる。ＳＭ-３は高度１００キロ以上の射程を誇り、大気圏外で弾道ミサイルの撃墜を狙う。

「イージス・アショア」は、その地上版である。イージス艦に頼らず、地上に「イージス・システム」を配備し、ＳＭ-３ミサイルで弾道ミサイルを撃ち落とそうとするシステムだ。

ドイツ空軍のペトリオット・システム（写真：Darkone）

一方、「ＴＨＡＡＤ」は、ＳＭ－３のカバーする大気圏外よりも低い高度のミサイル防衛システムだ。高度40〜１５０キロを射程圏としていて、この高度にまで落下した弾道ミサイルを撃墜する。

こうして、「イージス・システム」や「ＴＨＡＡＤ」でも弾道ミサイルを討ち漏らしたとなると、最後の頼みが「ペトリオット・システム」となる。「ペトリオット・システム」は地上に配備されていて、移動式トレーラーによるシステムだ。ミサイル発射機トレーラー、レーダー車両、射撃管制車両、情報調整車両、アンテナ車両、電源車両などにより構成され、ＰＡＣ－３ミサイル「ペトリオット」で弾道ミサイルに対処する。

「ペトリオット」ミサイルの射程は、20キロと短い。迎撃に失敗すれば、後がない。また迎撃に成功したとしても、自国内で爆発が起きることになるので、相応の被害を覚悟しなければならない。

こうしたアメリカの開発したミサイル防衛システムのうち、日本が採用しているのは、「イージス艦による弾道ミサイル防衛システム」と「ペトリオット・システム」だ。日本の海自は、イージス艦8隻体制を整えており、イージス艦が弾道ミサイル防衛の最前線にある。そのイージス艦のSM-3ミサイルが弾道ミサイルの撃墜に失敗したとき、陸の「ペトリオット・システム」が対処する2段防衛体制となっている。

日本では、近年、これに加えて「陸のイージス」である「イージス・アショア」を導入しようとした。弾道ミサイル防衛を3段の構えにして充実を図ろうとしたのだが、候補地の地元住民の安全性の問題もあって、結局、この計画は断念する事態に追い込まれている。

「イージス・アショア」が日本で空振りになった本当の理由は、極超音速兵器の登場を想定してのことだろう。すでに述べたとおり、近未来、極超音速ミサイルが完

日本のミサイル防衛構想

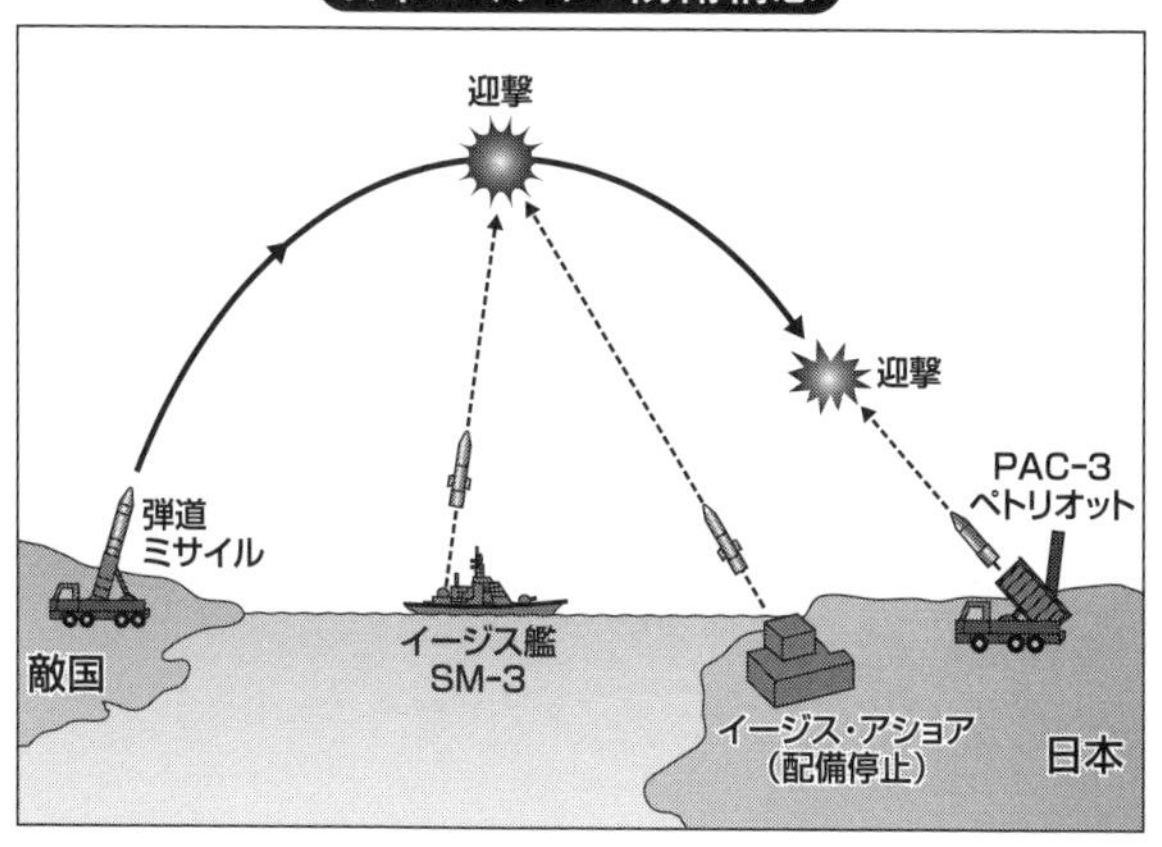

全に実用化されるとなると、既存の弾道ミサイル防衛システムは前時代の遺物と化す。これまで日本の守りとなってきたイージス艦からのＳＭ‐３ミサイルも、地上からのＰＡＣ‐３ミサイルも、極超音速ミサイルの撃墜はむずかしい。極超音速ミサイルは、ＳＭ‐３の迎撃高度やＰＡＣ‐３の迎撃高度を避けるように、飛来してくるからだ。

「イージス・アショア」の運用するミサイルもＳＭ‐３だから、導入しても、ものの数年で時代遅れとなることが予想される。ならば、「イージス・アショア」に大金を注ぎ込むよりも、新たなミサイル防衛システム開発・研究に資金を投入したほうが賢明だ、という判断になった

モスクワでパレードをおこなう超長距離地対空ミサイルS-400
（写真：Соколрус）

のであろう。

また、ロシアは「ペトリオット・システム」と同様の装備としてS-300システムと、さらに能力を向上させたS-400も開発している。S-400は「ペトリオット」の少なくとも2倍以上の射程を持つとされ、さらには数百キロ先の目標をも捉えるとされている。

ロシア製のS-300、S-400は、ロシアの外貨稼ぎにも貢献している。アメリカ製の「ペトリオット・システム」を保有できない国が、ロシア製のS-300、S-400をこぞって求めている。現在、中国をはじめ、NATOに加入しているトルコさえもS-400を配備していて、イランも導入を望んでいるという。

弾道ミサイル防衛の要「早期警戒衛星」の最新構想とは
——DSP衛星、SBIRS

弾道ミサイルを撃墜するのは、いまのところ、イージス艦や地上からのミサイルだ。ただ、弾道ミサイルの動向を監視しているのは、イージス艦や地上設備のみではない。宇宙を飛ぶ人工衛星が弾道ミサイルの動向を監視しているのだ。とくに早期警戒衛星が、弾道ミサイルの動向を監視・把握し、地上にデータを送っている。

早期警戒衛星のこれまでの代表は、アメリカのDSP衛星（国防支援計画衛星／ディフェンス・サポート・プログラム・サテライト）だ。DSP衛星には、赤外線センサーと反射望遠鏡が搭載されている。弾道ミサイルのエンジンは、発射時に高熱を放つ。その熱源を捉えるための装置である。

DSP衛星の特徴は静止衛星であり、高い軌道上に位置しているところだ。これは、地球をできるだけ広く監視するためである。DSP衛星は、高度3万6000キロの静止軌道上から、地球を観察し、弾道ミサイルの発射の瞬間からの特徴的な放熱を素早く捕捉(ほそく)しようとしてきた。

現在、アメリカはDSP衛星に代わって、SBIRS（宇宙配備赤外線システム）

アメリカ空軍が発表したDSP衛星構想のイラスト

を運用しようとしている。ＳＢＩＲＳはＤＳＰ衛星より高性能の赤外線センサーを運用するだけではない。構成する衛星は静止軌道のみならず、長楕円軌道上にもあり、低軌道からの監視もできるようになっている。

　アメリカがＤＳＰ衛星からＳＢＩＲＳへと早期警戒衛星をシフトしたのは、ひとつには時代の転換に合わせるためである。アメリカがもともとＤＳＰ衛星を開発したのは、ＩＣＢＭに対する反撃のためであった。

　アメリカとソ連の対立する米ソ冷戦時代、核を搭載したＩＣＢＭは最終兵器であった。かりにソ連がアメリカ本土に向けてＩＣＢＭを発射したなら、アメリカは自国の軍事基地にあるＩＣＢＭが破壊されるまえに、ＩＣＢＭを発射しなければならない。そのためには、ソ連のＩＣＢＭ発射をすぐに探知する必要があり、早期警戒衛星としてＤＳＰ衛星が開発されたのだ。ＤＳＰ衛星は、１９７０年に初めて打ち上げられている。

ＤＳＰ衛星は、早期警戒体制の重要性をアメリカにあらためて認識させた。１９９１年の湾岸戦争にあっては、イラクのスカッドミサイルの発射状況を把握してみせたからだ。その情報は、即座にスカットミサイルを警戒するサウジアラビア、イスラエルに送られてもいる。湾岸戦争での実績により、アメリカは早期警戒衛星のさらなる充実を構想するようになったのだ。

このとき、アメリカはＤＳＰ衛星の限界も認識したと思われる。ＤＳＰ衛星は国家レベルの脅威には有効であっても、テロ勢力の動きの監視までは行き届かなかった。そのため、アメリカは、ＤＳＰ衛星からより監視能力の高いＳＢＩＲＳへと転換していったのだ。

早期警戒衛星は、アメリカのみならず、ロシアやフランスも運用している。日本もまた、早期警戒衛星の保有を視野にいれている。

偵察衛星は、敵の動きをどこまで察知できるのか？――ＫＨ衛星シリーズ

軍事衛星は、早期警戒衛星のみではない。現在、少なくない国が運用しているの

は、偵察衛星だ。偵察衛星は、スパイ衛星とも呼ばれる。有名なのはアメリカのKH－11、KH－12、KH－13などのKH衛星シリーズであり、日本も「情報収集衛星」という名で運用している。

偵察衛星は、文字どおり敵や敵性国家の動向を監視するための衛星である。偵察衛星なら、軍の基地内の動き、軍の車両の動き、軍がいったいどこへ集結しようとしているかも、すぐに探知できる。不審な動きをする車両も追尾できる。

海上にあっては、艦船の動きを追うとともに、潜水艦が水面近くまで浮上してきた瞬間を捉えることもできる。

偵察衛星は、高価ながら、じつに使い勝手がいい情報兵器である。他国の上空に偵察機を飛ばすとなると、領空侵犯として撃墜の対象になる。かつて冷戦期、アメリカがU－2偵察機をソ連領内に飛行させ、撃墜されてしまうという事件もあった。アメリカはこれを教訓として、偵察衛星の開発を手掛けはじめる。宇宙空間にある偵察衛星なら領空を侵犯したと見なされることなく、敵国の動向を監視し、「丸裸」にしていけるのだ。

偵察衛星は地上の画像を撮影し、これを地上に送っている。画像は合成開口レーダー、あるいは赤外線を含む光学を利用した装置によって撮影されている。

すでに述べたように、ドローンにも搭載されている合成開口レーダーによるなら、悪天候であっても、地表で何が起きているかを観測できる。数センチの地盤の沈下さえも、合成開口レーダーなら観測できるし、水上の小さな船舶をも捕捉できる。

そこから先、画像の解像度が勝負となる。解像の分解能が5メートルで建物かどうかを判別でき、1メートルで建物の種類を判別できる。分解能50センチともなると、クルマの種類さえも判別できるという。現在、偵察衛星の解像度は30センチ以下といわれるが、近未来、これが10センチ以下にもなるという。そうなれば、クルマの中にどんな人間が乗っているかさえも判別できるようになるのだ。

偵察衛星は、その初期には撮影した画像をパラシュート付きのカプセルで地上に落下させていたが、いまは電波信号による送信だ。やがては最前線にある敵の動向の画像が、最前線で対峙（たいじ）する兵士一人ひとりに送信される時代になるという。

アメリカはなぜ、精密誘導兵器を飛躍的に進歩させることができたのか？ ——GPS衛星

アメリカ軍の得意とする戦術のひとつに、精密誘導弾による攻撃がある。これを支えているのが宇宙にあるGPS衛星だ。GPS衛星とは、GPS（衛星測位シス

テム／グローバル・ポジショニング・システム）を搭載した衛星のことだ。

GPSは、現在、スマートフォンやカーナビゲーションに使われている。純粋な民生品と思っている人も多いだろうが、もともとはアメリカが軍事用に開発したシステムだ。GPSがあれば、兵士がいま、どこにいるかも把握できるし、砂漠のなかでも方角に迷うことなく前進できる。

アメリカは軍事用にGPS衛星を打ち上げ、それはやがて民生をも益するようになったのだ。と同時に、精密誘導兵器の大量活用の道を拓いてもいる。アメリカは、GPSの誘導による精密誘導兵器の開発に乗り出したのだ。

それまで、誘導兵器にはレーザーが使われていた。たしかにレーザー誘導は画期的であった。1991年の湾岸戦争にあっては、レーザーによる誘導兵器が活躍し、イラク軍を圧倒した。この戦いで、アメリカは精密誘導兵器の重要性をあらためて認識すると同時に、レーザー誘導兵器の限界も悟った。

レーダー誘導兵器は、射程が短い。さらにレーザー誘導兵器の場合、命中するまで目標にレーザーを投射しつづけなければならないから、レーザーの発信源を敵に捕捉され、逆襲を受けかねない。煙や霧の多いなかでは、レーザー誘導は不可能であった。悪天候でも同様であった。

アメリカは、そうしたレーザー誘導兵器の欠点を認識し、新たにＧＰＳ誘導兵器に取り組んだのだ。

ＧＰＳ誘導兵器なら、悪天候や煙のなかでも使用できるし、射程も長くなる。レーザー兵器のように、発信源を敵に捕捉される心配もない。

１９９９年、アメリカ軍はコソボ紛争にあって、ＧＰＳ誘導兵器による爆撃を成功させる。以後、アメリカはＧＰＳによる精密誘導兵器を重視し、精密誘導兵器に頼った戦争をするようにもなったのだ。

宇宙を戦場とした「人工衛星の機能停止合戦」はどうおこなわれる？ ――ＳＣ―19

早期警戒衛星、偵察衛星、ＧＰＳ衛星などの登場は、宇宙を「戦場」に変えつつある。近未来、大国同士が戦うとしたら、まずは宇宙が「戦場」となる可能性は大きい。

近未来、最初の戦場が宇宙となるのは、情報戦を制するためである。宇宙には、各国の早期警戒衛星、偵察衛星、ＧＰＳ衛星があり、お互いを監視しあっている。戦争ともなれば、早期警戒衛星によって敵の弾道ミサイルの動向をいち早く察知し、偵察衛星によって敵軍がどこに集中しようとしているかを摑める。GPS衛星を活用するなら、精密誘導兵器による攻撃を仕掛けられる。宇宙からの情報なくして、戦争を優位には戦えない時代になろうとしているのだ。

偵察衛星が機能しなくなれば、敵の動きは察知しにくくなる。GPS衛星が支障をきたすと、精密誘導兵器は使えなくなる。早期警戒衛星が機能しなくなれば、敵のICBMの撃墜が困難になる。

人工衛星を保有する各国は、そうした状況をよく認識しているから、戦争となるや、まずは敵の人工衛星の破壊、機能停止にかかるだろう。そのための兵器が、ASAT（衛星攻撃兵器）と呼ばれる。

衛星破壊兵器の典型は、ミサイルである。2007年、中国はミサイルによる衛星破壊実験をおこない、世界に衝撃を与えた。中国は1960年代からASAT兵器の開発を推し進めていて、弾道ミサイルをASATミサイルSC-19に改造、自国の気象衛星を目標に発射した。ASATミサイルSC-19は目標の人工衛星に命中し、これを破壊している。中国は、衛星破壊能力があることを世界に知らしめ、きたる「宇宙戦争」で優位にあることを告げたのだ。

これまで、アメリカがF-15「イーグル」に搭載したミサイルで衛星の破壊実験をおこなったことはあった。けれども、中国の人工衛星破壊はもっと大胆で、破壊力に満ちていた。

ただ、2007年の中国による人工衛星破壊実験は、全世界に否定的な見解を生んでもいる。というのも、人工衛星の破壊によって、大量のスペースデブリ（宇宙ゴミ）が発生してしまったからだ。ただでさえ、スペースデブリは増える傾向にあり、レーダーで確認できるスペースデブリだけでも3000以上あり、実際には10万近くのスペースデブリが軌道上にあるという結果を招いている。

スペースデブリは、各国の人工衛星にとって危険な存在である。軌道上で人工衛星や宇宙ステーションがスペースデブリと衝突するなら、最悪の場合、人工衛星の機能が停止する。人工衛星は宇宙空間にあるから、気安く修理に出向くわけにもいかない。スペースデブリとの衝突によって破壊された人工衛星は、そのまま大型のスペースデブリとなって、軌道上に残りかねないのだ。これでは、衛星を利用している国々すべての不利益になり、衛星を破壊した当の中国だって不利益を被（こうむ）りかねない。

そのため、各国が検討しているASATは、ミサイルを使わない非破壊タイプである。要は、人工衛星の偵察機能、通信機能を停止・混乱に追い込めばいいのである。そのひとつがサイバー攻撃であり、人工衛星をコントロールしている地上基地にハッキングする手法がある。あるいは、地上から電波妨害をおこない、人工衛星と地上基地の通信に齟齬を起こさせる手法もある。

また、ＲＰＯと呼ばれる人工衛星を発射して、敵の人工衛星を無力化させる手法もある。ＲＰＯは敵人工衛星に接近したのち、高出力マイクロ波を照射したり、あるいは電波妨害を仕掛け、敵の人工衛星を機能させないように追い込むのだ。

大規模爆風兵器は核兵器に代わりうるのか？——ＧＢＵ-43／Ｂ

最強の破壊兵器は核兵器だが、核兵器の使用のハードルは高い。そこで核兵器に代わる大型破壊兵器としてあるのが、ＭＯＡＢ（モアブ／大規模爆風破壊兵器）だ。

ＭＯＡＢは、「Massive Ordnance Air Blast Bomb」の略なのだが、「mother of all bombs（すべての爆弾の母）」の略だろうというジョークもある、最大級の爆弾である。

ＭＯＡＢの代表は、アメリカのＧＢＵ-43／Ｂだろう。全長９・１メートル、９８００キロの超大型爆弾であり、８４８２キロの炸薬を内蔵している。

GBU−43(MOAB)のプロトタイプ。直径1mを超える

GBU−43/Bはその重量のため、並の爆撃機には搭載できない。C−130「ハーキュリーズ」やC−17「グローブマスターⅢ」などの中大型輸送機が運用している。投下の際には、GPSを利用しているので、命中率は高い。

MOABは、じつのところ大量破壊と同時に、兵士たちの戦意を完全に挫くための兵器という側面がある。GBU−43/B登場以前、最強の爆弾とされていたのは、BLU−82/B「デイジー・カッター」である。「デイジー」とはヒナギクであり、「デイジー・カッター」は、「ヒナギクの咲く草原一面を刈り取るほど、破壊力のある爆弾」という意味だ。

「デイジー・カッター」はベトナム戦争に

投入され、アメリカ兵の苦手とするジャングルを焼き払ってきた。1991年の湾岸戦争にも投入され、このとき地雷源を「一掃」する目的で使用された。アフガニスタンでは、ゲリラの籠(こ)もる洞窟(どうくつ)の粉砕用に使用されている。

「デイジー・カッター」は、2003年のイラク戦争に投入され、イラク兵を震え上がらせている。その爆発力から、イラク兵は「米軍が原爆攻撃をおこなった」と報告したほどだ。イラク兵は、臆病な兵士たちではない。湾岸戦争以前には、イランとの長い戦争を体験してきているだけに、戦場を知っている。そんな勇敢な彼らでも、「デイジー・カッター」の爆発には戦慄(せんりつ)したのだ。

GBU−43／Bは「デイジー・カッター」の延長線上にあり、より巨大な破壊力を有している。爆発実験の際には、巨大な爆風によって原爆のようなキノコ雲が生じたという。

殺傷力が高い「サーモバリック爆弾」の恐ろしさとは——GBU−121

2022年のロシア軍のウクライナ侵攻にあって、ロシア軍が使っているのではないかとされるのが、「サーモバリック爆弾」だ。「サーモバリック爆弾」は「燃料

サーモバリック爆弾を発射できるロシアの多連装ロケットTOS-1「ブラチーノ」。T-72戦車の車体をベースにしている

気化爆弾」とも呼ばれ、爆風によって兵士を殺傷する点でMOABと共通する。

「サーモバリック爆弾」の「サーモ」は「熱」、「バル」は「圧力」を意味する。つまり、同爆弾は、熱による圧力を利用した破壊兵器であり、最終的には可燃性の液体を大気中にまきちらし、火球のようになり、爆風を引き起こす。

サーモバリック爆弾の殺傷力は、長くつづく爆風の衝撃波による。爆風は長時間にわたって気圧を変化させ、その気圧の変化が人体の内臓を破壊していくが、それだけではない。高温の爆風は全方位から襲ってくるため、防ぎようがない。塹壕（ざんごう）の中に籠（こ）もっていても、高温の爆風にさらされ、蒸し焼きにもされてしまう。

しかも、サーモバリック爆弾は長い燃焼時に、周囲の酸素を奪い尽くす。爆風に巻き込まれた兵士は、窒息死にも至る。

サーモバリック爆弾は、ロシアのみならず、アメリカも使っている。アメリカはBLU－118やBLU－121などを保有し、空中から投下している。

アメリカは、1991年の湾岸戦争にあって、イラク軍にサーモバリック爆弾を投下したと見られている。イラクの戦車部隊、歩兵部隊に対して使われ、戦車内にいる兵士もその高温によって蒸し殺しにしたといわれる。

アメリカよりも頻繁にサーモバリック爆弾を使っているのは、ロシアである。ロシアの場合、TOS－1「ブラチーノ」という多連装ロケットランチャーによってサーモバリック爆弾を運用している。TOS－1は、サーモバリック弾頭ロケット30発を15秒間に撃ち尽くし、爆風を引き起こす。

ロシアはアフガニスタン侵攻にあって、サーモバリック爆弾を使用、二度にわたるチェチェン紛争でもサーモバリック爆弾を使っている。その後、イラク軍やアゼルバイジャン軍がTOS－1を導入しているから、両国はロシア製TOS－1の威力を確認したようだ。

地下深くの施設を破壊する「バンカー・バスター」の威力とは——GBU-57A/B

大型爆弾に問われる性能は、たんなる破壊力のみではない。貫通能力も重要な要素として問われてくる。その貫通に徹した大型爆弾が、「MOP(大型貫通爆弾)」だ。大型貫通爆弾は、「大型地中貫通爆弾」ともいわれるように、地中深くを貫通し、敵の地下施設を破壊するためのものだ。通常の大型爆弾では、地下施設はびくともしない。そこでMOPを高空から投下し、落下による運動エネルギーを加えることで、通常の爆弾では破壊できない施設を破壊しようと構想されたのだ。

大型貫通爆弾が、「バンカー・バスター」の異名をとるわけも、ここにある。地下深くにある頑丈な金庫さえも破壊してしまう爆弾と意識されたのだ。

大型貫通爆弾の発想は、第2次世界大戦時に生まれている。イギリス軍が、ドイツのUボート基地を破壊するために、地中貫通爆弾を思いついたのだ。イギリス軍を悩ませたUボートは、ブンカーと呼ばれる掩蔽(えんぺい)施設の下に停泊している。イギリス軍がUボートを叩くために、ブンカーを爆撃しても、ブンカーには通じなかった。そこで大型貫通爆弾を開発した経緯がある。

一方、ドイツもロンドン空襲を成功させるのに、大型貫通爆弾の必要性を認めた。イギリスの防空壕が強固であったからだ。ドイツもまた大型貫通爆弾を開発したのだが、その後、大型貫通爆弾が求められることのない時代がつづいた。

超大国アメリカがMOPの開発をはじめたのは、1991年の湾岸戦争での経験を通じてである。イラク軍の司令部は地下深くに建設されていて、攻撃機による通常の爆弾では破壊できなかった。しかも、地下には大量破壊兵器が隠匿されているのではないかという疑惑があった。

アメリカ軍は、かつては地下施設の破壊には核兵器を想定していた。だが、湾岸戦争の時代、核兵器は使える政治情勢ではなかった。そこで、急遽、「バンカー・バスター」の開発に取りかかったのだ。そこから生まれたのが、重量2・27トンものGBU-28であった。GBU-28は、30メートルの貫通能力を誇った。

現在、アメリカ軍はGBU-28よりもさらに破壊的な大型貫通爆弾を運用している。重量13・6トンのGBU-57A／Bであり、その貫通能力は70メートル以上といわれる。

MOPは精密誘導弾でもあり、敵軍の地下軍事施設のみならず、テロリストたちの地下施設の破壊にも対応する。

3

陸戦の様相が一変！
対戦車火器、歩兵用兵器の革新

なぜ、次世代主力戦車がなかなか登場しないのか？――MGCS

戦車は20世紀後半には、陸戦の「王者」のような扱いを受けてきた。最強の戦車を開発した国が、最強の陸軍を形成でき、覇権(はけん)さえ握りうるとも見られてきた。たしかに第2次世界大戦の独ソ戦は、戦車に頼った戦いでもあった。中東戦争にあってはイスラエル戦車の活躍が、イスラエルの独立を担保してきた。1991年の湾岸戦争にあっては、アメリカの戦車M1「エイブラムス」が活躍し、「エイブラムス」はアメリカの勝利の象徴になった。

けれども、21世紀になって、各国は戦車の扱いに苦しみ、悩みはじめている。有力戦車を開発してきた国ほど、戦車にさらなる可能性を見い出しにくくなっている。それは、有力国から次世代の主力戦車が登場しないところに、もっともよく表れている。

現在の各国の主力戦車は、1970年代後半から1990年代前半にかけて開発された戦車を原型としている。西側諸国にあっては「戦後第3世代戦車」と呼ばれ、典型はドイツの「レオパルトⅡ」である。「レオパルトⅡ」は1977年に制式採

イラクで警戒行動中のエイブラムスM1A2（アメリカ）。
44口径120mm砲、最高時速67km、重量62ｔ、乗員４名

用され、その後、改良を重ねて、名戦車の地位を維持してきた。制式採用からすでに40年以上も経ているが、いまだ現役最強クラスである。逆にいえば、ドイツは「レオパルトⅡ」の代替戦車を開発できないでいる。

湾岸戦争で実績を示したアメリカのＭ１「エイブラムス」とて、同じだ。「エイブラムス」の制式採用は１９８０年であり、以後、アメリカは「エイブラムス」を凌ぐ代替戦車を開発できないでいる。このあたり、イギリスやフランス、イスラエル、日本も同じようなものだ。

西側戦車の行き詰まりを象徴しているのは、独仏共同開発中の「ＭＧＣＳ（陸上主力戦闘システム／メイン・グランド・

ドイツのレオパルト2A7。55口径120㎜砲、最高時速68㎞、重量67ｔ、乗員４名（写真：Boevaya mashina）

コンバット・システム）である。ＭＧＣＳとは、ドイツ、フランスの共同開発による次世代戦車である。ドイツは「レオパルトⅡ」の後継を欲していて、フランスもまた主力戦車「ルクレール」に代わる新鋭戦車を欲していた。ただ、両国はそれぞれ単独での開発には限界を見て、共同開発となったようだ。

期待のかかるＭＧＣＳだが、現在のところ、さほど代わりばえのしない戦車になっている。要は、「レオパルトⅡ」の車体と「ルクレール」の砲塔を接ぎ合わせたような戦車になっていて、新世代の戦車とは言いがたい中身となっている。たしかに、主砲は従来の120ミリ滑空砲から130ミリ滑空砲へと改められている。威力は増大しているのだが、この程度では「レオパルトⅡ」や「ルクレール」の改良版にすぎない。

1970年代に登場した「レオパルトⅡ」は、複合装甲を装備し、これまでの戦車の概念を変えてきた。「エイブラムス」もまた、これまでの戦車の概念を変えてきた。けれども、2020年代に開発中のMGCSには新たな概念はなさそうだ。MGCSが示すように、戦車は行き詰まっているのだ。

現代の市街戦で戦車が「やられ役」になったのはなぜか？——MⅠTUSK、T-14「アルマータ」

21世紀、戦車の進化が思うようにならず、新世代戦車が開発できないのは、戦車が「弱い存在」に変わっていったからだ。たしかに、21世紀に戦車戦が発生するなら、西側の有力戦車は機能する。湾岸戦争でもそうだったように、ロシア勢のT-80やT-90を屑鉄に変えてしまうだろう。

けれども、21世紀、大規模な戦車戦はそうそうありそうにない。「戦車殺し」に、かならずしも戦車が必要ないことがわかったからだ。味方の戦闘機、攻撃機が空を制圧し、敵の対空システムを破壊してしまうなら、敵の戦車は丸裸になったも同然だ。攻撃ヘリや攻撃機を繰り出して、敵戦車を破壊できるし、いまならドローンで戦車を圧倒できる。先の第2次ナゴルノ・カラバフ戦争にあっても、アゼルバイジャン軍のドローンがアルメニア軍のロシア製戦車を破壊していった。

戦車は、空からの攻撃にじつに脆(もろ)い。たしかに戦車の前面装甲は強力だが、側面や後方、上面にまで厚い装甲を施してはいない。ドローンや攻撃ヘリに上面、側面を攻撃されたなら、戦車はその装甲を砕かれてしまう。現在、敵戦車を倒すのに戦車は不可欠ではなく、ドローンさえあればいいという論も成り立つのだ。

戦車戦のない時代にあって、戦車がおもに投入されるのは、市街戦だろう。戦争は、市街地を完全に制圧しないことには終わらないが、戦車はこの市街戦を苦手としているのだ。

市街戦にあって、戦車の敵となるのは、ゲリラや民兵たちである。彼らは対戦車ミサイル、対戦車ロケットＲＰＧ-7、小型爆発物などを用意し、建物の影に隠れながら、戦車の接近を待ち構えている。あるいは、戦車の通り道に対戦車地雷を埋めておく。対戦車ミサイル、対戦車ロケットは、物陰から発射され、戦車の側面を襲う。側面防禦の弱い戦車は、対戦車ミサイル、対戦車ロケットに屈することにな

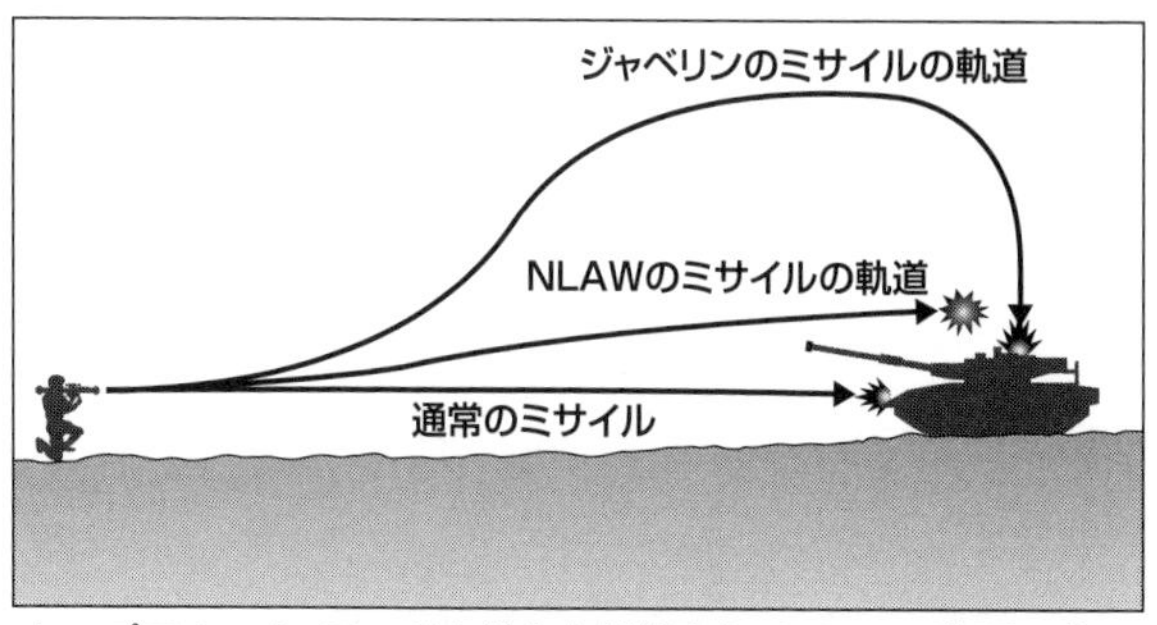

トップアタック・モードを備えた対戦車ミサイルは、装甲の薄い戦車の上面を攻撃して撃破する。(「ジャベリン」「NLAW」については125ページ参照)

る。あるいは、地雷にやられ、動けなくなる戦車もある。

これを経験したのが、アメリカ軍のM1「エイブラムス」である。湾岸戦争では無敵を誇った「エイブラムス」も、2003年からのイラク戦争では市街戦にあって側面を攻撃され、動けなくなってしまったのだ。

そこから先、アメリカ軍は「エイブラムス」の側面防御を強化した「M1 TUSK」を投入するようになったが、気休めにもならなかった。対戦車ミサイルや地雷に「トップアタック・モード」が備えられはじめたからだ。

トップアタック・モードを備えた対戦車ミサイルは、戦車の上面に狙いをつけて激突する。トップアタック・モードを備えた地雷も、戦車に感応することで、戦車の上面を狙って

ロシアのT-14 アルマータ。125mm砲、最高時速80〜90km、重量55t、乗員3名（写真：Vitaly V. Kuzmin）

爆発物が向かう。側面防御を強化した戦車も、上面装甲までは強化しておらず、上面を攻撃されたなら、戦車はひとたまりもないのだ。

ならば、戦車の上面を強化すればよいのではないかという見方もあろうが、それはかなり困難な話である。戦車の上面には、出入り用にもなるハッチや各種センサーが取り付けられている。いくら上面装甲を厚くしたところで、こうしたハッチやセンサーが「穴」になるのだ。

もうひとつ、戦車の上面までも強化するなら、戦車重量は増大し、戦車の機動性を損ねる。そもそも、重すぎる戦車は、運用しづらいのだ。

M1や「レオパルトⅡ」をはじめ西側

の主力戦車は、もともと重量は60トン以上ある。そこに側面装甲などを強化していったとき、重量は70トンに迫ってきた。そこに上面装甲までも強化するなら、70トンを超えてしまいかねない。それは速度の低下だけでなく、泥濘での移動や橋梁の通行に制約が大きくなることも意味するのだ。

ロシアは2022年2月のウクライナ侵攻にあたって、最新のT-14「アルマータ」戦車を投入しなかった。T-14は、砲塔を無人化した点で画期的な戦車だ。そのT-14をロシアが使わないのにはさまざまな憶測があるが、貴重なT-14が攻撃機によって破壊され、その残骸をネット画像にでもあげられるのを恐れたからだろう。

最新のT-14戦車とて、外見を見るかぎり、上面装甲を強化されたようには思えない。空からの攻撃には脆弱であることは、これまでの戦車と変わりないのだ。

T-14は、将来、ロシアの貴重な輸出品にもなりうる。そのT-14が無様にやられる姿をロシア軍は世界に見せたくなかったのだ。

それでも、新戦車開発をやめられない理由 ——チャレンジャー3

21世紀にあって、戦車は「弱い存在」になった。空からの攻撃に怯え、市街戦でも物陰からの攻撃にビクビクしなければならなくなった。野戦にあっては、ドローンが戦車を撃破できる時代、もはや戦車は不要だろうという見方もある。

けれども、当面の間、戦車は各国陸軍にありつづけるだろう。市街戦において、戦車は歩兵のこのうえない味方になってくれるからだ。戦車は市街戦を大の苦手としているのだが、それでも歩兵からは必要とされているのだ。

多くの戦争は、市街戦を経て都市を完全に制圧しないと終わらない。都市を破壊するだけなら、空爆や地上からの砲撃、ミサイル攻撃でも達成できるのだが、制圧するとなると、歩兵が市街に突入し、一つひとつの区画を占領していくしかない。あちこちに敵兵やゲリラが潜(ひそ)んでいる状態では、都市制圧は不可能だ。

ただ、市街に突入した歩兵は、もはや航空支援や地上からの砲撃支援をさほどアテにできない。彼らは無防備であり、物陰に潜む敵につねに狙われつづけている。歩兵の楯(たて)になるものがあるとしたら、戦車しかありえないのだ。

いかに戦車が対戦車ミサイルに弱かろうと、敵の銃撃なら跳ね返せる。手榴弾(しゅりゅうだん)でも平気だ。歩兵は戦車を楯にしながら進み、戦車の敵となる敵歩兵を排除していくことになるのだ。

戦車は、もともと歩兵との共同行動で、その能力を発揮する。戦車は昔から歩兵

イギリスのチャレンジャー２。120㎜砲、最高時速59㎞、乗員４名
（写真：7th Army Training Command from Grafenwoehr, Germany）

相手の近接戦闘を苦手としてきた。戦車に近寄り、爆発物を投げ込んだり、対戦車ロケットを放つ敵を追い払うには、戦車は視界が悪い。そこで、戦車に接近する敵歩兵を倒すのは味方歩兵の仕事であった。戦車と歩兵は互いに守り、守られの関係にあり、それは21世紀の市街戦にあっても変わりないのだ。

戦車は、数ある火力兵器のひとつでしかない。しかも、万能ではないにせよ、歩兵の支援という重要な使い途があるのだ。そんなわけで、新世代戦車の開発に難渋（なんじゅう）する西側諸国も、戦車の改良はつづけるだろう。イギリスでは、「チャレンジャー2」から「チャレンジャー3」への移行をはじめようとしている。

いまや、先進諸国にとって、戦車は重要な輸出品でもある。国内の戦車製造工場は、雇用を維持する場でもある。そうした一国の経済面までを考えるなら、戦車の開発・製造を完全に放棄してしまうわけにはいかないのだ。

戦車は中進国にとっては、いまだありがたい兵器でもある。2022年、ポーランドがアメリカのM1「エイブラムス」の輸入を決めた。すでにポーランドはドイツ製の「レオパルトII」を保有しているにもかかわらず、安全保障の強化として「エイブラムス」までを導入したのだ。アメリカ製戦車を買うことで、アメリカの歓心を買う意図もあっただろう。

戦車は、中進国、途上国には魅力的であり、輸出品となりうる限り、西側諸国、ロシア、中国は戦車開発をやめられないでいるのだ。

戦車に貼り付けられたタイル状の板の正体は？——爆発反応装甲、T-72、T-80

2022年、ロシアのウクライナ侵攻にあって、テレビやウェブサイトでは戦場の映像を大量に提供した。その画像のなかには、ロシアやウクライナの戦車もあり、少なからぬ戦車がタイルのような装甲板をまとっていた。その奇異ともいえる姿に、違和感をもった人もいたようだ。

この装甲板は、爆発反応装甲（リアクティブ・アーマー）と呼ばれる。「ERA」という呼び名もあり、成形炸薬弾（HEAT）に対して一定の防御力を有する。

成形炸薬弾は、「戦車殺し」のエネルギー弾である。成形炸薬弾の内部には漏斗状のくぼみをもつ成形炸薬がはいっている。このくぼみが、成形炸薬弾の核心ともいえる。同弾が敵戦車の強力な装甲に命中すると、炸薬が爆発、爆発エネルギーは漏斗の底と対称になった一点に集中していく。その集中エネルギーは凄まじく、液体金属の噴出流であるメタルジェットを生み出す。メタルジェットは秒速8000メートルの威力によって、500ミリの装甲を貫通させてしまうのだ。

成形炸薬弾は戦車の砲弾にもなれば、対戦車ミサイルにも運用されるようになった。成形炸薬弾の前に、戦車の既存の装甲が無力化されたとき、成形炸薬弾に対抗しうる新たな装甲として生まれたのが、爆発反応装甲と複合装甲である。

このうち、複合装甲（コンポジット・アーマー）は、おもに西側の戦車に採用された。複合装甲とは、装甲を二重にしたうえ、装甲と装甲との間にセラミックやチタン、カーボンなどを挿入している。成形炸薬弾が複合装甲に命中すると、メタルジェットの噴流が外側の装甲を突き破るが、中間に挟まれている素材によってメタル

大きなタイル状の板の「爆発反応装甲」で戦車装甲を強化したジョージア軍のT-72戦車

ジェットの威力が減殺されていく。成形炸薬弾はエネルギー不足となり、内側の装甲までを突き破ることはできない。

複合装甲を施した戦車の砲塔は、角張っている。従来、戦車の砲塔の形状は、命中した弾丸をすべらせて逸らすために、丸みをもたせるように設計されていたが、複合装甲の場合、成形炸薬弾を受け止め、無力化させる。そのため、丸みのある設計が不要になったのだ。

一方、爆発反応装甲とは、爆薬入りの板や箱のことだ。爆薬入りの装甲とは自殺行為にも映るが、同装甲が爆発することによって、成形炸薬弾の威力を減殺できる。

具体的には成形炸薬弾が爆発反応装甲に命中すると、同装甲内の爆弾が爆発。爆発によって四散した金属片が、メタルジェットの噴流に衝突する。メタルジェットは直線的なエネルギーを失い、主装甲を貫けなくなるのだ。

爆発反応装甲を取り付けているのは、複合装甲の設計をもたない戦車である。複合装甲の戦車は単独で成形炸薬弾に耐えうるから、爆発反応装甲までを取り付ける必要はない。複合装甲をもたない、つまり時代に後れ気味の戦車に、爆発反応装甲は取り付けられているのだ。

ウクライナでの戦争に投入されているロシア戦車、ウクライナ戦車のベースとなっているのは、T‐72やT‐80など旧ソ連の開発してきた戦車だ。T‐72やT‐80は、その設計がコンパクトすぎて、複合装甲化を果たせなかった。そのため、T‐72やT‐80をベースにしたロシア戦車、ウクライナ戦車には、成形炸薬弾対策として爆発反応装甲が取り付けられているのだ。

爆発反応装甲の取り付け方、様式は、各国によってさまざまに異なる。そのため、同じT‐72をベースにした戦車でも、別物に見えてしまうのだ。

攻撃ヘリ、観測ヘリは、これからも必要なのか？
――ＡＨ-64Ｄ「アパッチ・ロングボウ」

21世紀、戦車はその存在価値を低くしてしまったが、戦車以上にその存在価値を問われているのが、攻撃ヘリコプターや観測・偵察ヘリコプターである。攻撃ヘリ、観測・偵察ヘリは、ドローンによって退役を迫られつつあるのだ。

攻撃ヘリの頂点にありつづけたのは、アメリカのＡＨ-64「アパッチ・ロングボウ」だ。ＡＨ-64は敵軍事施設を破壊する兵器として構想されたが、対戦車ヘリとして活用されるようになる。撃ちっぱなし式の「ヘルファイア」ミサイルを搭載したＡＨ-64は、湾岸戦争にあってイラクの戦車部隊に襲いかかり、大きな戦果をあげている。

観測・偵察ヘリは、攻撃ヘリと連動して活躍する。観測・偵察ヘリは、攻撃ヘリに先んじて、敵陣近くに迫り、敵の動向を把握する。

その情報は攻撃ヘリに伝えられ、攻撃ヘリは観測・偵察ヘリの情報を土台に攻撃を開始する。日本はＯＨ-1という観測・偵察ヘリを独自開発し、ＡＨ-64とチームを組ませていた。

AH-64D「アパッチ・ロングボウ」。水平最大速度276km、航続距離490km、乗員２名（写真：Tim Felce［Airwolfhound］）

ただ、湾岸戦争におけるＡＨ－64の武名は、制空権を確保した環境下での僥倖でしかなかったという見方もある。湾岸戦争にあっては、イラク軍の対空兵器は事前に無力化されていて、対空ミサイルをろくに発射できなかった。ゆえに、ＡＨ－64は縦横無尽に飛び回ることができたのだ。

湾岸戦争の10年まえ、ソ連軍によるアフガニスタン侵攻にあっては、ソ連は多くのヘリを投入している。結果、およそ１０５０機のヘリを失い、そのうち35パーセントは、Ｍｉ－24「ハインド」をはじめとする大型ヘリであった。「ハインド」は開戦当初、その攻撃力によって恐れられていたが、アフ

歩兵を降下できるロシアの攻撃ヘリMi-24P。巡航速度270km、航続距離1000km、乗員２名＋兵員８名（写真：Igor Dvurekov）

ガニスタン側にアメリカが携帯対空兵器である「スティンガー」を供与すると、状況は一変してしまった。ＡＨ－64に対抗するとされてきた大型の攻撃ヘリである「ハインド」は、次々と「スティンガー」の餌食になってしまったのだ。

ＡＨ－64とて、２００３年のイラク戦争にあっては限界を露呈している。32機のＡＨ－64が出撃した作戦において、イラク軍の対空砲火によって、31機が被弾、損傷を負い、撤退をよぎなくされている。ＡＨ－64はその装甲の厚さによって撃墜を免れたものの、脆さを露呈してしまっている。もしイラク軍に「スティンガー」がわたっていたら、ＡＨ－64はアフガニスタンでの「ハインド」と同じ屈辱を味わっただろう。

　このように、敵の対空兵器が健在である限り、攻撃ヘリは無傷ではいられない。撃墜されるなら、貴重な兵士を失うことにもなる。

　そうしたなか、21世紀になって浮上したのが、ドローンである。ドローンなら、撃墜されても、人的な被害はゼロなのだ。しかも、第2次ナゴルノ・カラバフ戦争に使用された自爆型ドローンは、敵の対空システムさえも無力化できるのだ。

　対戦車戦闘にあっても、ドローンを使えばそれですべては終わる。なにも、わざわざ被害の出やすい攻撃ヘリを投入する必要はどこにもないのだ。敵基地の攻撃は、ドローンが代替してくれるし、敵の偵察も、観測・偵察ヘリの代わりにドローンがいくらでもこなしてくれる。ドローンの時代に、攻撃ヘリ、観測・偵察ヘリの出番はないとさえいえる。

　しかも、ヘリは高価な兵器である。ヘリは大きな羽根であるメインローターの回転によって飛行するが、その構造は複雑だ。そのためAH-64Dの調達価格は、およそ2000万ドルにもなるのだ。ヘリの複雑な構造は、製造コストのみならず、運用コストにも響く。日々の整備に時間がかかり、維持費もかさむ。

　加えて、ヘリの操縦は固定翼機やドローンよりもはるかにむずかしい。そのため、ヘリのパイロットを一人前に育てあげる訓練費用は、固定翼機パイロットの3倍はかかるという。

そんなわけで、ヘリのなかでも攻撃ヘリ、観測・偵察ヘリの需要は減っている。日本はAH-64を当初、62機調達すると決めていたが、結局、13機の調達でやめてしまっている。そのうち1機は、訓練中に墜落しているから、高価な無駄遣いでもあったのだ。

なぜ、155ミリ榴弾砲は戦場の主役でありつづけるのか？——M777

2022年、ロシア軍によるウクライナ侵攻にあって、話題となっているのが、155ミリ榴弾砲(りゅうだんぽう)だ。アメリカは自国の使用する155ミリ榴弾砲M777を大量にウクライナに供与、NATO諸国もウクライナに155ミリ榴弾砲を送り込んでいる。

155ミリ榴弾砲が注目されるのは、155ミリ榴弾砲が戦場のひとつの主役だからだ。155ミリ榴弾砲は、ありふれた兵器であり、多くの国が保有しているにもかかわらず、戦場の主役となっているのは、155ミリ榴弾砲が総合火力のひとつの柱でもあるからだ。

戦争を決するのは、火力の総合であるといわれる。火力兵器には、大砲、ミサイル兵器、各種爆弾、戦車、攻撃機、爆撃機、ドローンなどさまざまなものがあり、これら火力を総合させたとき、より強大な総合火力を有している側の軍が勝利を得やすい。

第2次世界大戦にあって、独ソ戦を決したのも、総合火力であった。ソ連の総合火力はドイツの総合火力をかなり上回っていたため、ソ連軍はドイツ軍を押し切った。ドイツ軍の戦車や戦闘機の各個性能がいかにすぐれていても、総合火力の前にはさほど意味がなかった。日米戦もまたしかりであった。その総合火力のひとつの柱が、155ミリ榴弾砲である。

ここで榴弾について説明しておくと、砲弾には榴弾と徹甲弾(てっこうだん)がある。徹甲弾は、ぶ厚い装甲を撃ち抜くためのものであり、高速で直線的に飛翔する。戦車、ぶ厚いコンクリートや鉄の構造物には有効だが、兵士の集団相手には多大な殺傷力をもたない。

一方、榴弾は放物線を描き、上空から落下してくる。その特徴は、兵士や装甲の薄い戦闘車両、建物などの破壊を狙ったところにある。榴弾内の火薬が炸裂すると、

徹甲弾の軌道と榴弾の軌道

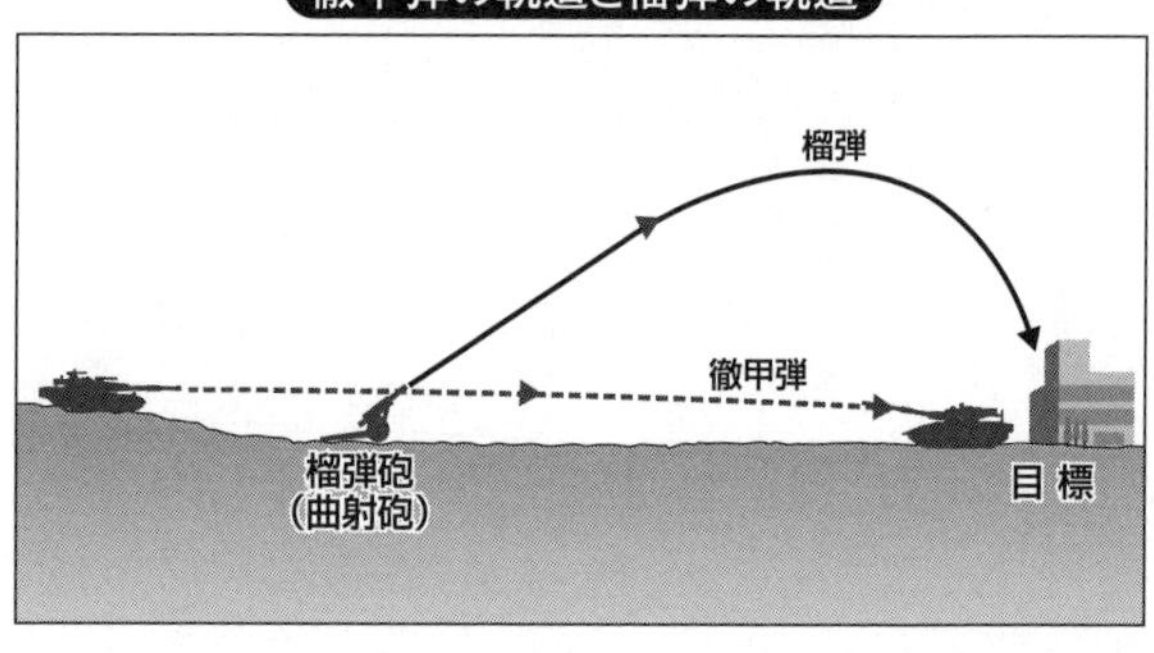

爆風とともに榴弾の破片が広範囲に飛び散り、兵士や車両を襲う。

榴弾砲は榴弾を発射する曲射砲であり、丘の向こう、目視の不可能な地点にある敵陣にも着弾する。敵陣に着弾するなら、広範囲に大きな損害を与えることができる。大量に揃（そろ）えた榴弾砲で攻撃すれば、敵陣を「面」で制圧できるのだ。

もちろん敵も榴弾砲で反撃してくるが、最後は総合火力の大きさで決まる。敵により大きな被害をもたらすなら、味方歩兵や戦車を前進させられる。榴弾砲は、歩兵を前進させるための最大の地ならしなのだ。

ウクライナでの戦いは、土地の奪い合いである。土地の奪い合いである限り、歩兵が敵軍を押し、敵軍を後退させなければならない。そのために欠かせないのが、榴弾砲の大量使用なのだ。

19世紀、ナポレオン戦争の時代、「砲兵が（戦場を）耕し、歩兵が前進する」という言葉があった。それは、ハイテク化が進んだ21世紀の戦争でも変わりないのだ。

アメリカはなぜ、イギリス製の155ミリ榴弾砲を重用するのか？——M777、エクスカリバー

アメリカがウクライナに続々と供与しているのが、155ミリ榴弾砲M777だ。M777は、牽引式（けんいんしき）の榴弾砲である。

155ミリ榴弾砲とひと口にいっても、ふたつのタイプがある。ひとつは、M777のような牽引式の榴弾砲である。もうひとつが、自走式の榴弾砲である。自走式榴弾砲は、履帯（りたい）（キャタピラー）のある戦車式のボディに、155ミリ榴弾砲を備えた砲塔をもつ。アメリカ軍なら、自走式榴弾砲として、M109A6「パラディン」を運用しつづけてきている。

アメリカが、おもにウクライナに供与しているのは自走式榴弾砲ではなく、牽引式榴弾砲である。たしかに、自走式のほうが近代的であり、機動性も高いから、牽引式榴弾砲よりも安全だ。

じつのところ、大砲の敵は敵の大砲である。榴弾砲を敵陣に撃ち込むなら、敵は

イギリスで設計・開発され、アメリカが採用した155ミリ榴弾砲M777。軽量で移動に便利である

発射源となった榴弾砲の所在を突き止め、反撃の榴弾を浴びせてくる。敵の榴弾砲の餌食(えじき)になりたくなかったら、牽引式の榴弾砲はつねに位置を変えなければならず、それは砲兵にとって大変な労力にもなっている。

そうした事情も考慮したのか、ドイツやオランダは自走式榴弾砲ＰｚＨ（パンツァーハウビッツェ）２０００をウクライナに供与している。

フランスもまた、自走式榴弾砲「カエサル」を供与している。

にもかかわらず、アメリカが牽引式榴弾砲をウクライナに供与しているのは、牽引式の榴弾砲のほうがずっと安価だからだ。つまり、大量に揃えることができ、

アフガニスタンで射撃するドイツの自走式榴弾砲PzH.2000。最高時速60km、重量55ｔ、乗員５名

大きな総合火力となる。

高価な自走式榴弾砲はそうは揃えられず、総合火力として心許ない。牽引式榴弾砲なら、手っとり早く総合火力を強化できるのだ。

と同時に、アメリカが供与しているM777は、軽量であるからだ。M777は、じつはアメリカ製ではなく、イギリス製である。なんでも自前の兵器をもちたがるアメリカが155ミリ榴弾砲に関しては、わざわざイギリス製を選んだのは、M777の軽量に大きなメリットを見い出したからだ。

M777の重量は、およそ4・2トン。ほかの155ミリ榴弾砲が7トン以上、モノによっては10トン以上あるのに対して、きわめて軽い。アメリカ軍は、M777の軽さに目をつけた。M777は砲兵によって移動させやすく、中型汎用ヘリやV-22「オスプレイ」に吊るして長距離移動もできるのだ。ヘリに吊るしての移動なら、高速であり、自走式榴弾砲よりもずっとすみやかな移動ができる。

しかも、自走式榴弾砲には、敵の地雷が待ち構えている可能性もある。ヘリで移動するM777なら、移動の行程で、地雷を恐れる必要もないのだ。

また、M777は、ロシア軍の152ミリ榴弾砲2A65の能力を上回っている。その射程は、砲弾の種類にもよるが、24~40キロにもなる。これは西側の榴弾砲としては飛び抜けた数値ではないが、ロシアの2A65の最大射程24~29キロを凌駕している。

さらに、M777の砲弾「エクスカリバー」は、精密誘導弾を使用できる。GPSによって誘導されるから、精確に敵陣を叩けるのだ。

2A65に関しては、ロシア軍もウクライナ軍も運用している。ウクライナ軍が2A65をM777に置き換えるなら、射程面でウクライナ軍はロシア相手に優位にも立てるのだ。

ウクライナ戦争で多連装ロケット砲が戦果をあげているわけは？
――ハイマース、MLRS

１５５ミリ榴弾砲とともに火力の集中に威力を発揮するのが、多連装ロケット砲だ。多連装ロケット砲では、複数の発射管からロケット弾を集中的に次々と発射し、敵陣にロケット弾の雨を降らせる。

多連装ロケット砲は、２０２２年のロシア軍によるウクライナ侵攻にあっても名を馳せた。アメリカがウクライナに供与した、M１４２高機動ロケット砲システム「ハイマース」である。

「ハイマース」とは、「High Mobility Artillery Rocket System」の略である。「ハイマース」では、トラックに旋回式の箱型の発射機が搭載されていて、発射機の発射管からミサイルを発射する。通常のロケット弾なら6発を発射管に装備していて、この6発のミサイルを集中運用する。

多くの「ハイマース」が集まるなら、ミサイルを雨あられのように敵基地に降り注がせ、敵基地を破壊していく。その射程距離は３００キロを超え（ウクライナに供与されたタイプは80キロ程度）、GPS誘導によって高い命中率を誇る。ロシア軍

射撃訓練をおこなうハイマース。ウクライナ戦争ではロシア軍に大きな損害を与え戦果をあげている(写真:DVIDSHUB)

は、ウクライナの運用する「ハイマース」によって、甚大な損害を強いられている。

それは、皮肉な話でもある。もともと多連装ロケット砲による火力の集中を得意としたのは、ロシア軍の前身であるソ連軍だからだ。20世紀の第2次世界大戦にあって、ソ連軍は「カチューシャ」という初の多連装ロケット砲を開発・運用している。トラックの荷台に発射レールを並べたシンプルな兵器なのだが、ドイツ兵は「スターリンのオルガン」と呼んで、「カチューシャ」による攻撃に恐怖した。

その後、アメリカも「カチャーシャ」の成功を参考に多連装ロケット砲を開発していく。アメリカの開発した傑作多連装ロケット砲といえば、ＭＬＲＳ（多連装ロケットシステム）だ。制式名称はＭ２７０。Ｍ２「ブラッドレー」歩兵装甲車をベースに、箱型の旋回式発射機を搭載している。ロケット弾の発射間隔は４・５秒であり、圧倒的な火力によって敵を沈黙に追い込む。

ＭＬＲＳは日本やイギリスをはじめ西側の多くの国が運用しているが、歩兵装甲車をベースとしているため、かなりの重量になる。そのため、輸送機で運びにくく、アメリカはＭＬＲＳの軽量版の開発に取りかかった。それが、「ハイマース」であり、「ハイマース」はトラックをベースとしているため、軽量である。その機動性の高さから、ウクライナに供与しやすかったのだ。

歩兵の携帯兵器でなぜ、重装甲の戦車を破壊できるのか？
——ＦＧＭ-１４８「ジャベリン」、ＮＬＡＷ

２０２２年、ロシア軍のウクライナ侵攻の初期局面にあって、その名を世界に轟（とどろ）かせたのが、多目的ミサイル兵器ＦＧＭ-１４８「ジャベリン」や「ＮＬＡＷ（エヌロウ）」だ。

「ジャベリン」や「ＮＬＡＷ」はともに肩掛けの携帯式ミサイルであり、数ある対

1発2000万円と高価だが、歩兵が戦車を容易に破壊できる携行多目的ミサイル「ジャベリン」

戦車ミサイルのなかでももっともスマートで優秀だ。

「ジャベリン」や「NLAW」の餌食となったのは、ロシア軍の戦車である。遠くで待ち構えているウクライナの兵士が、「ジャベリン」や「NLAW」を発射させるや、直撃されたロシア軍戦車は路上で機能停止に追い込まれていく。「ジャベリン」による反撃もあって、ロシア軍の足は止まり、プーチン大統領の目論んだウクライナの電撃的な制圧は失敗する。

「ジャベリン」を開発したのは、アメリカである。「ジャベリン」は対戦車ミサイルのひとつとして開発されたが、その目標は戦車のみにとどまらなかった。敵の建築物や遮蔽物も破壊するし、低空から襲撃してくるヘリ相手には対空ミサイルとしても機能する。

「ジャベリン」の威力の秘密は、弾頭に装備したタンデム成形炸薬にある。「タンデム」とは縦並びという意味で、メインの弾頭の前にサブ弾頭がついている。つまり二段弾頭になっていて、これにより戦車の複合装甲や爆発反応装甲を破壊できるのだ。

すでに述べたように、戦車の複合装甲や爆発反応装甲は、成形炸薬弾から身を守るためのものだ。二重装甲となっている複合装甲の場合、二重装甲の中間に組み込まれている素材が成形炸薬の威力を減殺してしまう。火薬を取り付けた爆発反応装甲の場合、爆発によって飛び散った同装甲の破片が、成形炸薬の威力を相殺するようになっている。

これに対して、二段弾頭であるタンデム成形炸薬の場合、サブ弾頭が複合装甲の外面を破壊し、中間にある素材と相討ちとなるが、まだメイン弾頭が残っている。メイン弾頭は成形炸薬の威力によって複合装甲の内面を打ち破るのだ。爆発反応装甲に対しては、サブ弾頭は爆発によって無力化されるが、ここでもメイン弾頭は生き残っていて、そのメイン弾頭の成形炸薬が戦車のメイン装甲を食い破るのだ。

ロシア戦車の守りは、爆発反応装甲である。タンデム成形炸薬ならロシア戦車の爆発反応装甲、メイン装甲の両方を突き破れるのだ。

こうして「ジャベリン」は戦車のメイン装甲を突き破ることができるのだが、「トップアタック・モード」（103ページ参照）にセットしておけば、ミサイルは戦車の最大の弱点となっている上面を貫くように飛行してくれるのだ。

「ジャベリン」のもうひとつの特徴は、撃ちっぱなし式の自律誘導ミサイルであるところだ。ミサイルには赤外線画像追尾システムとコンピュータが内蔵されているから、発射後に射撃手が誘導も何もせずとも、ミサイルは自律的に戦車を目掛けて高速で飛翔してくれる。

「NLAW」については、イギリスとスウェーデンの共同開発であり、スウェーデンではRB-57という名称だ。「NLAW」は、PLOS（予測照準一致方式）による誘導ミサイルだ。これは慣性航法を利用したシステムで、射撃手が3秒程度目標を追尾することでジャイロや加速度計によりミサイル自らが飛翔経路を調整、目標予測位置を計算し、標的に命中する。「ジャベリン」同様、「トップアタック・モード」により戦車のもっとも脆弱な部位である上面で炸裂させることもできる。

「NLAW」の「ジャベリン」にない特徴は、発射器が使い捨て方式であること。

装甲車からNLAWを使用するフィンランド軍。ジャベリンと比べて安価な携行式対戦車ミサイル

おかげで、「ジャベリン」よりも軽く、安価になっている。「ジャベリン」の場合、ミサイル部分でさえ1発あたり、17万5000ドルもする。「NLAW」なら、3万7000ドルだ。「NLAW」は誘導式ではないため、標的が急停止したりすると命中しないなど、「ジャベリン」ほど高性能ではないものの、その安さ、使い勝手のよさを魅力としているのだ。

ロシア軍の侵攻を受けたウクライナが初期の戦闘で危機を乗り越えられたのは、「ジャベリン」、「NLAW」が歩兵に勇気を与えたからでもある。「ジャベリン」のような優秀な対戦車兵器があるなら、歩兵は大国の戦車に臆(おく)することなく、果敢に戦闘を挑めるのだ。

「ジャベリン」を備えている国には、台湾やリトアニアといった小国もある。おもに大国に侵攻を警戒せねばならない国であり、「ジャベリン」は小国の守りにもなっているのだ。

「制空権の確保」を困難にした携帯式対空兵器の威力とは――FIM-92「スティンガー」

2022年、ロシア軍のウクライナ侵攻の初期局面にあって、対戦車ミサイル「ジャベリン」や「NLAW」とともに注目されたのが、FIM-92「スティンガー」だ。「スティンガー」は、携帯式の地対空ミサイルであり、「スティンガー」によって、ロシアの軍用機は次々と撃ち落とされた。これまた、電撃的なウクライナ制圧を目論んでいたプーチン大統領の誤算であった。

「スティンガー」の特徴は、その手軽さだ。一般に地対空ミサイルには、それなりの設備が必要である。トラックに地対空ミサイルを搭載しているケースも多々あるが、スティンガーに特別な設備はいらない。

「スティンガー」の重量は10キロ程度であり、歩兵が肩に掛けて使用できるのだ。しかも、取り扱いが容易である。目標発見後、目標に向けて、弾き金を引くだけで、

アメリカのFIM-92スティンガー（下部の箱に冷却用ガスとバッテリーが内蔵されている）

ミサイルが目標に向かって飛翔、自動的に目標を追尾してくれる。

「スティンガー」の誘導方式には赤外線・紫外線シーカーが採用され、目標とする航空機やヘリのエンジン排気口を自動的にターゲットとする。「ブロックⅡ」といわれる改良型には、FPA式赤外線画像誘導（IIR）が導入されていて、敵の赤外線追尾排除システムに対しての対抗能力を有している。つまり、より命中度は増し、射程は8000メートルにも及ぶ。

実際、「スティンガー」は命中率の高い携帯型対空ミサイルとして評価されつづけてきた。「スティンガー」の名が一躍、世界に広まったのは、1979年にはじまったソ連軍のアフガニスタン侵攻にあってだ。アメリカは、非公式ながらゲリラ勢力に「スティンガー」を供与した。ゲリラたちは、「スティンガー」を駆使して、ソ連の重武装ヘリや軍用機をバタバタと撃ち落としてみせたことは前述したとおりだ。

「スティンガー」は、日本をはじめ韓国や台湾、ベトナム、タイ、イスラエルなど多くの国が保有している。敵国が先制攻撃によって大型の地対空ミサイル・システムを無力化させても、携帯型「スティンガー」までを先制して壊滅させることはできない。多くの「スティンガー」が残っている限り、敵は容易には制空権を確保できないのだ。

アメリカの歩兵の強さを支えるハイテク・システムの進歩 ——「ランド・ウォーリアー・システム」ほか

2022年、アメリカ軍はアフガニスタンから撤退した。アメリカ軍はアフガニスタン、イラクで無力であったとも映るが、それよりもアメリカの支援した政府が惰弱(だじゃく)であったゆえの結果だろう。アメリカの歩兵に関しては、特殊部隊を含めて、高い戦闘能力を維持してきたのもたしかだ。

それは、ハイテク・システムに支えられてのものだろう。アメリカは、「ランド・ウォーリアー・システム」「ネット・ウォーリアー・システム」といった先進的な歩兵システムを実験してきているのだ。これらは未完成であり、少なからぬ問題も抱えていたが、アメリカ兵を支えるものでもあった。

「ランド・ウォーリアー・システム」は、デジタル化された歩兵装備であり、アメリカ軍は、歩兵の一人ひとりにこのシステムを装備させせようとした。

ランド・ウォリアー・システム
(写真:General Dynamics C4systems)

「ランド・ウォーリアー・システム」が集中しているのは、兵士のヘルメット部分である。ヘルメットは、頭部を守るためだけのものではなく、すぐれた情報通信機器にもなっている。ヘルメット部分には暗視ゴーグル、情報ディスプレイ、GPSアンテナ、軽量ビデオカメラ、レーザー測距(そっきょ)装置などが装備されている。

このうち、暗視ゴーグルはアメリカ兵の強さの根源のひとつになっている。現代のアメリカ兵が夜戦を得意としているのは、暗視ゴーグルのおかげだ。

かつて歩兵の戦いといえば、夜明けにはじまり日没とともにいったん終わるというケースが多かった。夜戦を挑むのは、たいてい弱者であったが、いまは様相が一変している。暗視ゴーグルが、戦場を変えたのだ。

アメリカ兵の暗視ゴーグルなら、月の出ていない暗闇でも、敵の動きを日中のように捕捉できる。敵が高度な暗視装置をもっていなければ、アメリカ兵は一方的に射撃し、敵を制圧できるのだ。

アメリカ兵が戦ってきたのは、アフガニスタンやイラクの辺境であり、電気も通っていないエリアが多々ある。夜ともなれば、真っ暗闇になるが、暗視ゴーグルを装着しているアメリカ兵は不安に駆られる心配がない。彼らは、夜戦を優位に戦いつづけてきたのだ。

情報ディスプレイは、片方の目に装着されていて、鳥山明(とりやまあきら)の人気漫画『ドラゴン・ボール』でベジータやフリーザが使っていたスカウターに似ている。漫画ではスカウターによって戦う相手の戦闘能力の数値を得ていたが、現代のアメリカ兵は情報ディスプレイによって、GPS情報や地図データを得ている。

こうしたシステムによって、アメリカ兵は、敵地にあっても優位を確保しやすい。敵の所在と自分の位置が正確にわかっているなら、危険を未然に回避できるうえ、優位な地点で敵を待ち伏せできる。

「ランド・ウォーリアー・システム」によって収集・伝達された情報は、政府中枢までつなぐこともできる。

2011年、アメリカの特殊部隊がパキスタンのアボタバードという町に潜んでいたアルカイダのウサーマ・ビン・ラーディンを暗殺した。このとき、その映像はワシントンのホワイトハウスにも同時に送られていた。オバマ大統領は、ホワイトハウスの危機管理室に居ながらにして、一言も発せず、ビン・ラーディンの暗殺現場を見つづけていたという。

この一件からも想像できるように、アメリカ軍の中枢は「ランド・ウォーリアー・システム」によって、最前線で何が起きているか視覚情報によって確認できる。つまり、米軍は、最前線からの膨大な情報を得つづけようとしたのだ。

けれども、アメリカは2007年になって「ランド・ウォーリアー・システム」を撤回してしまった。「ランド・ウォーリアー・システム」は重く、兵士の負担にもなっていた。しかも、通信機器による表示は正確とはいえなかった。

そこから先、アメリカは「ランド・ウォーリアー・システム」に代わって、「ネット・ウォーリアー・システム」を導入しようと試みた。「ネット・ウォーリアー・システム」ではスマートフォンを中心としたのだが、これまた通信機器による表示は正確とはいえなかった。

この2度の失敗を経験したアメリカは、「スクワッドX」という新たなコンセプトの「ウォーリアー・システム」を構想している。「スクワッドX」では、GPSを利用しない。すでに、中国やロシア、イランなどがGPSの電波の妨害技術を有しているからだ。代わりにドローンに無線の中継機能をもたせ、システムの軽量化も図ろうとしている。

また、アメリカは近年になって、「ラピッド・ターゲット・アクイジション」という照準システムを導入してもいる。これは小銃の先に取り付けた長赤外線暗視スコープの画像を、兵士のゴーグルに送るシステムだ。このシステムなら、兵士は銃のみを物陰から突き出して、敵情を探り当て、敵を制圧できるのだ。アメリカは失敗を繰り返しながら、歩兵のハイテク化を進めている。

なぜ、突撃銃は歩兵の主力武器でありつづけるのか？
——AK‐47、M4A1、FN SCAR

歩兵の主武器といえば、アサルトライフル、いわゆる突撃銃である。突撃銃としてよく知られるのは、ロシア（ソ連）のAK‐47、アメリカのM16などだ。

突撃銃は20世紀生まれの兵器だが、21世紀、ハイテク化された戦場にあっても、歩兵の主武器でありつづける。いかにドローンが発達しようと、市街戦を戦い抜き、市街の一区画、一区画の敵を掃討できるのは歩兵しかいない。その市街戦にあって、歩兵はつねに突撃銃を手にして、動き回る。

突撃銃が歩兵の主武器たりえるのは、ライフルとしての命中精度が高いうえに、連続射撃（フルオート射撃）ができるからだ。アサルトライフルを手にした歩兵は、これを狙撃銃のように扱い、一発必中で敵を仕留める。その一方、突撃銃で弾幕を張り、火力で敵の攻撃を封じ込めることもできるのだ。

突撃銃が誕生するまで、歩兵の主武器はボトル・アクション・ライフルやオートマティック・ライフル、短機関銃などであった。ライフルは命中精度の高い銃ではあるが、速射能力に欠けた。短機関銃は連続射撃能力を有していたものの、射程が短かった。また、機関銃は連続射撃能力と長い射程を兼ね備えているものの、重いため、携行がむずかしく、ひとりの歩兵のみで扱える兵器ではなかった。

そんななか、アサルトライフルは機関銃ほどの威力はないものの、機関銃のように連続射撃ができた。しかも、ライフルのように命中精度も高い銃として登場したのだ。突撃銃を初めて開発したのは、第2次世界大戦下のドイツであり、以後、各国の軍では突撃銃は歩兵に不可欠な兵器となったのだ。

歩兵のもっとも重大かつ危険な任務は、敵陣への突撃である。連続射撃能力のあるアサルトライフルを手にすれば、歩兵は弾幕を張りながら、突撃できる。その意味で、アサルトライフルは「突撃銃」にふさわしかった。

突撃銃のベストセラーといわれてきたのは、AK-47である。AK-47はソ連のミカエル・カラシニコフによって設計され、AKには「カラシニコフ小銃」という意味がある。彼は、ナチス・ドイツの突撃銃を土台にこの銃を完成させている。

AK-47の長所は、シンプルかつ頑丈なところだ。戦場では、銃器は手荒に扱われる。複雑な構造の銃器ほど故障しやすく、銃器の故障はそのまま歩兵の死につながる。シンプルな構造のAK-47は、その故障率が低く、頑丈である。AK-47なら、どんな戦場にも対応できる。しかも、シンプルな構造ゆえに安価だから、世界のゲ

FN SCAR (MK-20) を構えるリトアニア軍兵士(写真:KASP)

リラ、民兵たちもＡＫ－47を求め、ＡＫ－47はいまなお需要が多い。

ＡＫ－47に対してきたM16は、漫画『ゴルゴ13』の主人公の愛用銃という設定になっているが、１９６０年代のベトナム戦争を通じて開発された。ベトナム戦争にあっては、北ベトナム兵はソ連から供与されたＡＫ－47を手にしていて、アメリカ兵はＡＫ－47の前に大苦戦を強いられた。そこから、アメリカはＡＫ－47に対抗する突撃銃としてM16を開発するに至ったのだ。

ただ、初期のM16には故障が多く、欠陥銃とも見られてきた。M16には改良が重ねられ、M16はやがてＭ４Ａ１にも進化し、特殊部隊でも使われている。

また、世界にはＡＫ－47やM16以上の性能を誇る突撃銃もある。ベルギーのＦＮ社がアメリカの特殊部隊の求めに応じて開発した「FN SCAR（スカー）」である。「FN SCAR」には、合成樹脂などの新素材が使われているため、軽い。しかも命中精度が高いうえ、いろいろと加工もできる。アメリカ軍は、M16やその後継のM4から「FN SCAR」へと転換しつつある。

攻撃ヘリが凋落しても、汎用・輸送ヘリは生き残る理由 ――UH-60「ブラックホーク」シリーズほか

すでに述べたように、攻撃ヘリ、観測・偵察ヘリは、お払い箱になりつつある。それらの仕事は、すべてドローンが代役となってくれるからだ。その一方、汎用・輸送ヘリは、ドローンの時代になっても、使われつづけていくと思われる。汎用・輸送ヘリは、ドローンにできない仕事もできるからだ。

たしかに、いまやドローンは輸送機にもなっている。ドローンに兵器や食料を搭載すれば、ドローンは最前線にまで兵器、食料を届けてくれる。ドローンは輸送ヘリの役目も担いはじめているのだが、兵士までを運ぶ任務はまだ担っていない。近未来も、兵士を運ぶのは、汎用・輸送ヘリの仕事になると思われる。

とくに、特殊部隊による急襲作戦にあっては、汎用・輸送ヘリは重用されている。

アメリカの多目的軍用ヘリコプターUH-60「ブラックホーク」。巡航速度278km、フェリー（最大）航続距離2220km

特殊作戦のために、汎用ヘリ、輸送ヘリは改造され、赤外線暗視システム、地形追従・回避レーダー、GPSなどを備える。特殊作戦用に改造されたヘリは、地上すれすれを飛んで、レーダーを回避しながら、目標地点に迫る。

あるいは、汎用ヘリの場合、捜索救難ヘリとして大きな使い途があった。戦地にあっては、かならず負傷兵が出る。あるいは、敵地に残された兵士たちもいる。彼らの発見だけならドローンでも可能だが、救出となるとヘリしかできないのだ。

ヘリは、ホバリング、つまり空中に静止することができ、ホバリング中にヘリから救出員が負傷兵を救出する。

あるいは、残された兵士たちをヘリに収容していくのだ。

汎用・輸送ヘリには、アメリカ製のUH-60「ブラックホーク」シリーズ、CH-47「チヌーク」、フランス・ドイツ・オランダなどが共同開発した「NH90」、ロシア製のMi-8「ヒップ」などがある。とくに「ブラックホーク」は汎用性の高いヘリであり、特殊作戦の主役にもなれば、捜索救出ヘリHH-60「ペイブホーク」にも改造されている。「NH90」はステルス性を帯びていて、「ブラックホーク」以上の能力を有する。「ヒップ」はロシア製とは思えないほど信頼性が高く、西側の警察組織なども採用している。

これら汎用・輸送ヘリにはさしたる武装はなく、戦闘力は貧弱であっても、人員輸送、特殊作戦、救出作戦にはいまなお欠かせないのだ。

4

覇権と防衛のカギ！
潜水艦、空母、イージス艦の性能

原子力潜水艦ならではの圧倒的アドバンテージとは

——オーストラリアの新型潜水艦

２０２１年、アメリカ、イギリス、オーストラリアの軍事同盟である「ＡＵＫＵＳ」（オーカス）が発表されたとき、眼目となったのがオーストラリアの原子力潜水艦保有であった。オーストラリアは、アメリカとイギリスの協力によって、近い将来、原潜保有国となるのだ。

現在、原潜を保有しているのは、アメリカ、ロシア、中国、イギリス、フランス、インドの6か国である。オーストラリアは、やがて世界で7番目の原潜保有国となるのだ。

それは、オーストラリアの一大選択といえた。潜水艦には、原潜と通常動力型のふたつのタイプがある。オーストラリアはもともと通常動力型潜水艦のみを保有していて、老朽化した「コリンズ」級に代わる新型潜水艦を求めていた。このとき、日本の「そうりゅう」級をベースとして日豪共同開発をおこなう案もあったが、オーストラリアはフランスとの共同開発を選んだ。

フランスがオーストラリアに提案していたのは、自国で開発した原潜「シュフラン」級の通常動力型である。これをオーストラリアとの間では、通常型潜水艦「アタック」級として開発しようとした。

そこに割ってはいったのが、アメリカとイギリスである。AUKUSの発足によって、オーストラリアは「アタック」級の開発を放棄し、新型原潜開発に向かったのだ。オーストラリアは、原潜の圧倒的な能力と戦略的可能性に惹かれたのだ。

原潜と通常動力型潜水艦には、大きな能力差がある。通常動力型潜水艦の場合、石油を燃料とするから、石油を燃焼させるための酸素をつねに必要とする。乗組員の生命維持にも酸素が必要なのだが、狭い潜水艦内にあって酸素搭載量には限界がある。酸素が切れかかると、通常型潜水艦はやむなく水面近くまで浮上し、酸素を取り入れねばならない。これは、危険な時間帯であり、敵に探知されやすい。

しかも、通常動力型潜水艦の場合、搭載する燃料にも限りがある。燃料切れになるまえに、母港に帰らねばならず、通常動力型潜水艦の活動は、およそ2週間程度でしかない。

他方、原子力を動力とする原子力潜水艦の場合、動力に酸素を必要としない。さらに豊富に得られるエネルギーによって、海水を電気分解し、酸素を生み出しているから、艦内で乗組員用の酸素を自給できる。原潜は酸素を求めて水面近くまで浮上せずともよく、敵に捕捉されにくい。その活動は数か月単位にもなる。

加えて、原子力潜水艦はその大きさを活かして、SLBM（潜水艦発射弾道ミサイル）のプラットホームにもなる。核を搭載したSLBMこそは、最大の抑止力でもあり、原潜は核戦争の行方を左右さえもするのだ。

フランスがオーストラリアに提案した通常動力型潜水艦「アタック」級は、5000トン程度の排水量である。アメリカの原潜は最低でも排水量1万トン近くあり、SLBMを搭載する潜水艦の排水量となると、2万トンに迫る。オーストラリアがフランスの通常動力型潜水艦を見限ったのは、SLBMの保有を視野に入れたからと推測される。

なぜ、戦略型原潜は最強の兵器といわれるのか？——「オハイオ」級、「ボレイ」級、「晋」級ほか

原潜は、その目的によってふたつのタイプに分かれる。ひとつは戦略型原潜であり、もうひとつは攻撃型原潜（SSN）である。このうち、世界の恐るべき脅威となっているのは、戦略型原潜である。

戦略型原潜とは、核搭載のSLBMを発射できる原潜である。一国の戦略に関わ

るところから、戦略型原潜と定義されている。攻撃型原潜は、有事ともなれば、戦略型原潜を攻撃し、ＳＬＢＭ発射以前に、破壊することを目的としている。また、水上艦を目標としたり、巡航ミサイルによって都市や軍事施設の破壊も担う。戦略型原潜は、兵器として最強といっていい。核搭載ＳＬＢＭを搭載しているからであり、じつのところ地下に隠されているＩＣＢＭ（大陸間弾道ミサイル）よりもＳＬＢＭのほうが脅威となる。

ＩＣＢＭの場合、その発射基地は敵国におおかた突き止められている。たしかに、地下内でＩＣＢＭを移動させているケースもあるし、基地には重厚な防禦がなされているが、つねに敵に監視を受けている。ＩＣＢＭ発射まえの動きは敵に感知されやすく、ＩＣＢＭを発射するなら、敵のすみやかな報復攻撃を受けやすい。

一方、ＳＬＢＭを搭載している戦略型原潜の所在はつかみにくい。つねに移動していることもあり、敵に所在位置を把握させないまま活動している戦略型原潜もある。敵はＩＣＢＭ基地に先制核攻撃をしたくても、ＳＬＢＭを搭載する戦略型原潜の行方が不明のままでは、決意できない。ＩＣＢＭ基地を核攻撃で破壊した場合、すぐさま戦略型原潜のＳＬＢＭによる報復を受けるからだ。

戦略型原潜がある限り、敵はめったなことをできず、戦略型原潜は最強の抑止兵器でもあるのだ。

しかも、ＳＬＢＭの命中精度は高い。とくにアメリカ海軍の運用するＳＬＢＭ「トライデントⅡ」は、ＩＣＢＭ「ミニットマンⅢ」よりも命中精度が高いという。原潜は潜水中に動いているうえに、揺れている。そんな状態で何千キロも離れた目標に正確に命中させなければならないから、ＳＬＢＭは地上発射のＩＣＢＭよりも精度が悪くても不思議ではないが、その逆なのだ。

海中の潜水艦から発射された
トライデントⅡ

その秘密は、ＳＬＢＭに搭載されている天文航法装置「スター・トラッカー」にある。「スター・トラッカー」は、飛行中、特定の星を観測しつづけ、その星が見える角度や方向から現在位置を正確に算出していくのだ。

通常、弾道ミサイルには慣性誘導装置が搭載されていて、これによって現在位置を算出しているのだが、現実には実際の位置とのズレが生じやすい。「スター・トラッカー」の正確さには及ばないのだ。

ただし、戦略型原潜のＳＬＢＭ発射は、戦略型原潜の「自殺めいた行為」でもある。いかに戦略型原潜が所在をくらましていても、発射したＳＬＢＭが海面から飛び出るとき、大きな水煙をあげてしまう。

それは敵のレーダーにすぐさま捕捉され、周囲にいた敵潜水艦はいっせいに戦略型原潜に攻撃を仕掛けはじめる。

そこから先は、時間との戦いになる。戦略型原潜は、ＳＬＢＭを同時に多数発射できない。アメリカの原潜での発射間隔は約1分とされ、24発のＳＬＢＭを全部発射するには、およそ23分かかる。この23分の間、戦略型原潜は攻撃型原潜の攻撃をかわしつづけなければならない。それができなければ、海の藻屑(もくず)となってしまうのである。

逆に敵の攻撃型原潜は、ＳＬＢＭによる自国への被害を最小限に食い止めるためにも、1秒でも早く敵の戦略型原潜を撃破しなければならない。

戦略型原潜の代表は、アメリカの「オハイオ」級だ。水中排水量1万８７５０トンの大型原潜であり、ＳＬＢＭ「トライデントⅡ」を20発搭載している。「トライデントⅡ」の射程距離は、1万１０００キロにもなる。「オハイオ」級は魚雷も装

ロシア最新鋭のボレイ級原子力潜水艦。水中速度25ノット、水中排水量24,000 t（写真：Schekinov Alexey Victorovich）

中国の原子力潜水艦094型（晋級）。12のSLBM発射装置をもつ

備していて、攻撃型原潜との戦いに備えてもいる。

「オハイオ」級を運用しているアメリカだが、２０３０年代から新たに「コロンビア」級を就役させる予定でいる。「コロンビア」級は前級「オハイオ」級とほぼ同じ大きさで計画されているが、「オハイオ」級と違い、42年間の運用期間中、原子炉の交換を必要としない。その一方、ミサイル発射管は、「オハイオ」級の24よりも少なくなる方向にあると見られている。

アメリカに対抗するロシアの最新戦略型原潜は、「ボレイ」級となる。「ボレイ」級の水中排水量は2万4000トン。戦略型原潜のなかでは最大級の大きさを誇る。ロシアは「ボレイ」級を8隻で運用しようとしているが、ロシアの経済事情は悪化している。ウクライナ情勢しだいで、「ボレイ」級のあり方は変わってくるとも見られている。

中国は、現在、水中排水量1万2000トンの「094型（晋級）」を運用している。「晋」級のまえには、「夏」級戦略型原潜が1隻存在していたが、すでに老朽化し、運用されていないようだ。中国は「夏」級を失敗作と見なしていて、ロシアのルビン設計局の技術を導入した「晋」級を本格的な戦略型原潜第1号としている。「晋」級には、射程8000キロのSLBMが搭載されている。

中国は「晋」級の後継戦略型原潜として、「096型（唐級）」を予定している。「唐」級は24基のSLBMを搭載、中国は「晋」級、「唐」級合わせ6隻の戦略型原潜でアメリカに対抗しようとしている。

攻撃型原潜はなぜ、SLBM対策の切り札なのか?

――「シーウルフ」級、「ヤーセン」級、「商」級ほか

ＳＬＢＭを搭載した戦略型原潜は、世界各国の脅威である。その戦略型原潜狩りのエースとなっているのが、攻撃型原潜である。攻撃型原潜は、ＳＬＢＭを搭載せず、その探知力、攻撃力、機動力で、戦略型原潜を追い詰めていく。

攻撃型原潜は、高性能ソナーを備え、平時から仮想敵国の戦略型原潜の所在をつきとめ、その周辺にとどまっている。有事になれば、攻撃型原潜は戦略型原潜をいち早く攻撃し、撃破しなければならない。戦略型原潜からＳＬＢＭが発射されてしまうなら、自国に甚大(じんだい)な被害が出る。そのまえに、魚雷攻撃によって戦略型原潜を破壊しなければならないのだ。

一般に、戦略型原潜はＳＬＢＭを搭載しているぶん、鈍重である。水中での最高速力は25ノットがせいぜいだ。しかも、水中排水量1万トンを超えているから、的が大きい。これに対して、攻撃型原潜は、水中での最高速度は30ノット以上だ。攻撃型原潜は戦略型原潜よりも機敏に動き、圧倒していくことができるのだ。

もちろん、敵もみすみす戦略型原潜を失うわけにはいかない。そこで、戦略型原

コストを抑えて大量配備を可能にしたアメリカの
攻撃型原潜ヴァージニア級

潜の周囲には護衛として攻撃型原潜を配置している。有事ともなれば、攻撃型原潜により、味方の戦略型原潜を狙ってくる敵の攻撃型原潜を排除しようとする。

攻撃型原潜の任務は、敵の戦略型原潜を狩り、味方の戦略型原潜を守るだけではない。有事には敵の水上艦隊も狙い、輸送船団を壊滅に追い込もうとする。

攻撃型原潜の代表は、アメリカの「シーウルフ」級である。最高速度35ノットは、駆逐艦並みの高速だ。さらに最大潜航深度は600メートルと、現在の潜水艦では最高レベルにあり、静謐(せいひつ)性も極めて高い。

にもかかわらず、「シーウルフ」級の建造は3隻で終わっている。もともと29隻の建造を予定していたのだが、1990年代、ソ連が崩壊してのち、ライバルとなるロシア潜水艦が機能しなくなっていったからだ。アメリカは、あまりの高性能、かつ高価な「シーウルフ」級を持て余し、3隻の建造で終わらせたのだ。

ロケットエンジンで高速推進する
ロシアの魚雷シュクバル

代わって、アメリカが攻撃型原潜の主役としたのが、「ヴァージニア」級だ。「ヴァージニア」級は「シーウルフ」級よりも性能面で劣るものの、コストを「シーウルフ」級よりもずっと抑えてある。性能が劣るといっても、水中での最高速度は34ノットにもなる。

「シーウルフ級」はともかくとして、「ヴァージニア」級に対抗可能な攻撃型原潜には、ロシアの「ヤーセン」級がある。水中排水量は8600トン、水中での最高速度は31ノットに達する。「ヤーセン」級の主武器である魚雷「シュクバル」は、水中を200ノット（約370キロ）という驚異的な速度で進むとされる。これがたしかな数字なら、既存の魚雷の常識をはるかに超えている。

ただ、「ヤーセン」級の就役はあまり進んでおらず、2022年の時点で、まだ3隻しか就役していないのが現実だ。

中国の運用している攻撃型原潜には、「093型（商級）」がある。中国最初の攻撃型原潜は「091型（漢級）」であったが、放射能漏れ事故を起こしたことがあるうえ、水中での最高速度は25ノットにとどまっていた。「商」級は、「漢」級の欠陥を改め、水中速力は30ノットとなっている。

ただ、「商」級も静謐性に問題があるとされる。そのため、より静謐度の高い「095型」を開発中だ。

攻撃型原潜に巡航ミサイルを搭載する目的とは？
——改良「オハイオ」級、「ヤーセン」級、「商」級ほか

「ヴァージニア」級に代表される攻撃型原潜（SSN）は、近年、多用途化している。

ロシアのヤーセン級原子力潜水艦（写真：Ministry of Defence of the Russian Federation）

アメリカ、ロシア、中国は、攻撃型原潜を巡航ミサイル潜水艦（ＳＳＧＮ）としても運用しはじめているのだ。

巡航ミサイル潜水艦とは、その言葉どおり、巡航ミサイルを搭載した潜水艦だ。巡航ミサイルの目標となるのは、地上の軍事施設や都市だ。

たとえば、アメリカの潜水艦の場合、巡航ミサイル「トマホーク」を搭載しており、射程距離は、１６５０〜３０００キロにも及ぶ。

「トマホーク」を搭載しているアメリカの攻撃型潜水艦の代表は、「ヴァージニア」級だ。あるいは、改良型攻撃原潜「オハイオ」級なら、最大で１５４発の「トマホーク」を搭載できる。「オハイオ」級はもともと戦略型原潜であったが、ソ連崩壊ののち、18隻のうち4隻を攻撃型原潜に転換している。ＳＬＢＭを撤去し、その代わりに多くの「トマホーク」を搭載、地域紛争に備えたのだ。

世界各地で地域紛争が起きたとき、アメリカは攻撃型原潜の紛争地近海への派遣を視野に入れている。紛争地近海に潜む攻撃型原潜が、「トマホーク」を放つなら、内陸の軍事施設をピンポイントで破壊できるのだ。理論的には、アラビア海からイランの内陸にある首都テヘランも攻撃できる。

ロシアの「ヤーセン」級攻撃型原潜もまた、巡航ミサイルを搭載している。巡航ミサイルの射程は、５００キロを超える。

中国もまた攻撃型原潜「商」級を改良し、射程５４０キロ程度の巡航ミサイルを搭載させているようだ。「商」級につづく「０９５型」では、さらに巡航ミサイル能力が強化されるようだ。

また、アメリカの改良「オハイオ」級については、巡航ミサイル潜水艦としての機能以外に、特殊作戦用の艦艇搭載機能も付与されている。改良「オハイオ」級は、特殊部隊の「シールズ（ＳＥＡＬｓ）」のプラットホームになっており、小型輸送艇「ＳＤＶ」の発射スペースが備えられている。特殊作戦の目的地近くまでひそかに潜航、ここから特殊部隊を出撃させるのだ。同じような特殊作戦支援能力は、「ヴァージニア」級も有している。

原潜が通常動力型潜水艦に封じ込められる理由――「ゴトランド」級、「そうりゅう」級、「宋」級、「元」級

前述のとおり、原子力潜水艦は通常動力型潜水艦よりも高性能である。通常動力型潜水艦では、原潜相手に勝負にならないかにも思えるが、じつところ「勝負になる」のだ。優秀な通常動力型潜水艦なら、原潜相手に優位に立つことさえある。

とりわけ、情報収集戦となると、通常動力型潜水艦が優勢となる。というのも、通常動力型潜水艦は、原潜に比べて静謐性で上回ることが多いからだ。

原潜の場合、船体が大きく、内部の騒音も多い。内部の音が外に漏れてしまうなら、通常動力型潜水艦のソナーに捕捉され、所在を突き止められてしまう。

一方、通常動力型潜水艦はディーゼルエンジンからバッテリー駆動に切り替えることで静謐性を高められる。バッテリー駆動時は、原潜のソナーで通常動力型潜水艦の位置を突き止められないことも多々ある。通常動力型潜水艦が原潜の所在をさっさと把握しているのに、原潜のほうはそのことにまったく気づかないのだ。

通常動力型潜水艦はそのストロング・ポイントを活かし、狭い海域での「待ち伏せ」や「監視」を得意とする。たとえば、海峡の深部に身を潜ませ、敵潜水艦の所在を摑み、監視をつづけるのだ。有事ともなれば、ここで「待ち伏せ」して、敵潜水艦を一気に襲撃する。

あるいは、海域の要所に通常動力型潜水艦をひそかに配置することで、敵潜水艦の動きを封じ込める。米ソの冷戦時代、日本の通常動力型潜水艦は、オホーツク海にあって、ソ連の原潜をオホーツク海内に閉じ込めるための「監視」をつづけてきた。日本の潜水艦の「監視」圧力のため、ソ連の原潜は容易には、オホーツク海を抜け出せなかったという。

そんなわけで、世界最強を自負するアメリカ海軍も、通常動力型潜水艦の意外な強さを認めてもいる。アメリカ海軍は、原潜のみを運用し、通常動力型潜水艦を保有していない。それでも通常動力型潜水艦が侮れないことを認め、優秀な通常動力型潜水艦との戦い方を研究するために、スウェーデンから「ゴトランド」級を貸与してもらってもいる。

「ゴトランド」級は、世界で初めて「スターリング機関」を採用した潜水艦だ。「スターリング機関」とは、ＡＩＰ（非大気依存推進）機関の一種であり、ほとんど酸

呉港に停泊するそうりゅう級潜水艦（写真：メルビル）

素を必要としない。スターリング機関を搭載している通常動力型潜水艦なら、2週間以上、海中深くに潜航しつづけるという芸当も可能となる。

画期的な「ゴトランド」級の登場に大きな刺激を受けたのが、日本の海上自衛隊である。海自は、スターリング機関を搭載した「そうりゅう」級を開発した。「そうりゅう」級は、高い静謐性を有し、通常動力型潜水艦としては高いレベルにある。

一方、中国もまたスターリング機関に着目、同機関を搭載していると思われる「039型（宋級）」を運用している。つづいては、「039A型（元級）」も運用している。「宋級」「元級」は、「そうりゅう」級のライバルだ。

空から潜水艦を追い詰める兵器とは
――P-8「ポセイドン」、SH-60「シーホーク」ほか

潜水艦の最大の敵は潜水艦だが、ほかに対潜哨戒機（たいせんしょうかいき）、哨戒ヘリも潜水艦の強敵となっている。対潜哨戒機、哨戒ヘリは空から潜水艦の動きを捕捉し、有事には攻撃も仕掛けてくる。

対潜哨戒機の代表といえば、アメリカ製のP-8「ポセイドン」やP-3C「オライオン」などがあげられる。ともに旅客機を改造した機体であり、「オライオン」は4発のプロペラ推進機である。

「ポセイドン」は、ボーイングB-737旅客機を改造したジェット機だ。旅客機改造の機体だけに、機体内部に大きな余裕があり、高度化された潜水艦探知システムを搭載している。とくに新型の「ポセイドン」には、新型の音響センサー・システム、電子支援装置システム、電気光学・赤外線センサーなどが搭載されている。しかも、長時間の飛行が可能だから、しつこく潜水艦の動きを追いかけていける。

対潜哨戒機がどうやって潜水艦を発見し、追い詰めていくかといえば、まずはソノブイを投下するところからはじまる。ソノブイとは、ソナーを搭載したブイ（浮

標）であり、最大50キロ先の潜水艦までを探知できる。たとえば、「オライオン」の場合、80個以上のソノブイを投下、その周辺を旋回しながら、ソノブイからの情報を得る。

と同時に、対潜哨戒機は海面にレーダー波を照射し、水面近くまで浮上した潜水艦を捕捉しようとする。レーダー波は、水面上に突出した潜水艦のシュノーケルやアンテナ、潜望鏡を捕捉するのだ。

対潜哨戒機には、「FLIR」という「赤外線前方監視システム」も搭載されていて、これにより海中の熱源を感知できる。潜水艦のエンジンも熱源であり、比較的浅い海なら、同システムもまた潜水艦の所在を突き止めるのだ。

さらに対潜哨戒機は、「MAD」と呼ばれる「磁気変動探知器」も搭載している。これは、地球の磁気を探るシステムであり、磁気の微細な動きも感知する。潜水艦は巨大な鉄の塊（かたまり）であり、磁気を有している。その潜水艦が水中で動くと、当然、磁気に乱れが生じる。磁気変動探知器がその磁気の乱れを拾うなら、深海にある潜水艦の所在までを探り出せるのだ。

こうして対潜哨戒機が潜水艦の所在を突き止めると、その情報を水上部隊や陸上基地、潜水艦部隊に送信する。敵潜水艦の潜む海域には哨戒ヘリも現れ、さらに味

海自の哨戒ヘリSH-60JのMAD（磁気変動探知機）。
使用時にワイヤーを伸ばして曳航する（写真：100yen）

方の潜水艦も向かってくる。

いったん空から探知されてしまうと、潜水艦はそう簡単に逃げられない。高速で逃げようとすると、エンジン音が大きくなり、ますますソナーにひっかかりやすくなる。低速で静かに逃げようとするなら、離脱に時間がかかり、駆けつけてきた潜水艦に探知されやすくなる。

哨戒ヘリは、対潜哨戒機よりも粘り強く潜水艦を追う。対潜哨戒機は燃料切れが近づくと、基地にいったん帰投しなければならない。その間、敵潜水艦はフリーハンドを得やすい。これに対して、哨戒ヘリは空母や駆逐艦を母艦としていることが多いから、燃料が乏しくなれば、母艦に戻って燃料補給をしたのち、再び哨戒活動にはいればいい。しかも、ヘリはたいてい複数で運用されているから、1機はかならず潜水艦を追いかけることができる。

さらにヘリなら、ピンポイントで潜水艦のある海域に張りつくことができる。対潜哨戒機の場合、速力があるので、ひとつの海域に張りつきにくい。ヘリは低速なうえ、ホバリングもできるから、海中の潜水艦をピタリとマークできるのだ。潜水艦がいったん哨戒ヘリに食いつかれたなら、逃げる術（すべ）はない。ヘリが航空機のなかではどんなに低速だといっても、潜水艦よりもずっと速い。潜水艦が高速によって、ヘリの監視から逃れることは不可能なのだ。

哨戒ヘリの代表といえば、SH−60シリーズだろう。アメリカ陸軍のUH−60「ブラックホーク」の海軍版がSH−60「シーホーク」で、潜水艦狩りのヘリとして進化した。「シーホーク」は艦載タイプであり、艦上のスペースを有効に使えるように、メインローターは折り畳み式になっている。

空母大国としてアメリカが独走できる事情とは――「ジェラルド・R・フォード」級、「ニミッツ」級

アメリカ海軍が自他ともに最強と認めているのは、最強の潜水艦部隊とともに最

強の空母部隊を有しているからだ。現在、アメリカは「ニミッツ」級空母10隻に加え、新型の「ジェラルド・R・フォード」級1隻の11隻体制で巨大空母を運用している。将来は、「ニミッツ」級を退役させ、「ジェラルド・R・フォード」級10隻の体制となる。

そもそも、アメリカの空母保有数は、突出している。現在、中国が3隻目の空母を就役させようとしているが、アメリカは11隻体制である。しかも、アメリカの11隻の空母の個艦性能は、すべて各国の空母をはるかに上回る。アメリカ空母は他国の空母に比べはるかに巨大であり、「真の空母」とさえいえるのだ。

アメリカの空母が、空母の中で超越的な存在であるのは、蒸気式カタパルトの運用による。蒸気式カタパルトは、原子力による巨大なエネルギーを利用したもので、このカタパルトがあるからこそ、艦載機であるF／A-18E／F「スーパー・ホーネット」の性能を十二分に引き出せるのだ。

カタパルトは、艦載機を射出するシステムである。一般に、航空機は長い滑走によって飛び立つが、空母の飛行甲板はどんなに長くてもせいぜい300メートルを上回る程度だ。レシプロ機の時代なら、200メートル強の飛行甲板からの滑走・離陸も可能であった。けれども、ジェット機の時代となると、飛行甲板を滑走した

空母ニミッツのカタパルトのシャトル頂部。艦載機の前輪に連結させて離陸させる（写真：Robert Scoble）

だけでは、十分な揚力を得られず、発艦は不可能である。

レシプロ機とジェット機では、重量がまったく違う。たとえば、レシプロ戦闘機「零戦」の重量は、およそ2・5トンである。一方、現代の主力艦載機である「スーパー・ホーネット」の重量は30トンもある。加えて、ジェット機の翼は小さいから、揚力を得にくい。300メートルの滑走では、発艦は不可能だ。

その不可能を可能にしたのが、カタパルトである。カタパルトは第2次世界大戦よりもまえから存在し、第2次世界大戦にあっては、アメリカ軍は油圧式カタパルトを運用していた。ただ、ジェット機の時代になると、油圧式カタパルトで

ニミッツ級空母ジョン・C・ステニスから射出される
F/A-18ホーネット攻撃機

も不十分となり、より強力な蒸気式カタパルトが開発されたのだ。

蒸気式カタパルトの原理は、甲板下に設置されている蒸気タンクから高圧の蒸気をカタパルトに送り込む。これによって、カタパルト内にあるシャトルを一瞬にして前方へ高速に動かすというものだ。艦載機の前脚はシャトルと連結されているから、艦載機はシャトルとともに猛烈な速度で前へと押し出される。わずか2秒で時速250キロ以上にまで加速し、その力によって巨大な艦載機を飛翔に向かわせることができる。アメリカ空母の蒸気式カタパルトの場合、60～80秒の間隔で艦載機を発進させ、その蒸気式カタパルトは4本ある。つまり、ものの

10分程度で40機近い艦載機を発艦させることができるのだ。

ただ、蒸気式カタパルトを運用するには、原子力空母であることが前提であり、しかも高度なシステムを構築しなければならない。アメリカ空母は核分裂による巨大なエネルギーを利用して巨大なボイラーを熱し、大量の水蒸気を得ている。その高圧水蒸気によって、重い艦載機の射出を可能にしているのだ。

じつのところ、この蒸気式カタパルトの技術をもっているのは、アメリカのみである。フランスの原子力空母「シャルル・ド・ゴール」も蒸気式カタパルトを有しているのだが、それはアメリカから技術を供与されたもので、自前のものではない。蒸気式カタパルトを運用しているからこそ、アメリカ空母は優秀な艦載機を多数搭載し、圧倒的な攻撃力を誇っているのだ。他国にはできない芸当である。

中国の新型空母は米空母に対抗できるのか？——福建

現在、中国は、アメリカに次ぐ世界第2位の空母保有大国になろうとしている。

2012年、中国は基準排水量5万8500トンの大型空母「遼寧（りょうねい）」を就役させた、これが、中国初の空母であり、つづいて2019年、基準排水量5万5000トン

中国２番目の空母「山東」。スキー・ジャンプ台方式のせりあがった甲板を備えている（写真：Tyg728）

の大型空母「山東（さんとう）」も就役させている。

さらに2022年6月に3番目の空母となる「福建（ふっけん）」を進水させている。「福建」の基準排水量は7万1875トンであり、「遼寧」「山東」よりも大型となっている。中国は4番目の空母も手掛けていて、着々と大型空母群を整備しつつある。

中国がいかに空母に野心的になっているかは、3番目の空母「福建」が象徴する。「福建」には電磁式カタパルトが搭載されている。電磁カタパルトはアメリカの最新空母「ジェラルド・R・フォード」級にも採用されていて、電磁式カタパルトなら、蒸気式カタパルトに匹敵するか、それ以上の射出力が得られるという。実際、電磁カタパルトを搭載している「福建」の甲板はフルストレート・デッキとなっていて、アメリカ空母と同じ形である。フルストレート・デッキは、アメリカ、フランス以外の国の空母がもちたくてもできなかったものだ。

第2次世界大戦が終結し、ジェット機の時代となったのち、アメリカは原子力空母の保有に向かい、他の国も新たな空母の建造に向かった。このとき、アメリカ以外の国の空母の多くは、スキー・ジャンプ台方式の空母となっていた。これは飛行甲板の艦首方向がスキー・ジャンプ台のようにせり上がっている。艦載機は、その傾斜した飛行甲板を滑走することによって、通常よりも大きな揚力を得て発艦するのだ。アメリカのような蒸気式カタパルトを開発できない国は、スキー・ジャンプ台方式の空母を建造するよりほかなかったのだ。

20世紀後半、アメリカに対抗すべく空母大国を目指したのはソ連であった。野心的だったソ連は、基準排水量4万3000トンのスキー・ジャンプ台方式の空母「アドミラル・クズネツォフ」級2隻を建造した。

だが、ソ連の空母開発はここでとどまっている。ソ連は、スキー・ジャンプ台方式の空母に限界を見てしまったからだ。

スキー・ジャンプ台方式の空母からなら、たしかに大型の艦載機を発艦させることができる。ただし、蒸気式カタパルトほどの大きな揚力を得られない。そのため、艦載機に搭載する燃料や弾薬に大きな制限が生まれ、新鋭の戦闘攻撃機を空母に搭載しても、その能力を十分に活かしきれないことがわかってしまったのだ。

空母に巨額な予算を投入しても、期待したほどの攻撃力が得られないということを知ったソ連は、空母開発に見切りをつけたのだ。

中国は、そのソ連の達成できなかった野心を継承した。たしかに1番目の空母「遼寧」、2番目の空母「山東」までは、スキー・ジャンプ台方式であったが、それは中国にとって習作のようなものだっただろう。

もともと「遼寧」は、ソ連の「アドミラル・クズネツォフ」の2番艦「ヴァリャーグ」であった。ソ連崩壊ののち、未完成のままウクライナの造船所に放置されていた「ヴァリャーグ」を、中国が購入したのだ。中国は「ヴァリャーグ」を運用することで、空母とは何かを知り、「ヴァリャーグ(遼寧)」を下敷きに初の国産空母「山東」を完成させた。ここまでが中国にとっては習作、実験のようなものであった。スキー・ジャンプ台方式でない、「福建」こそは、中国が新技術を導入した、期待の本格空母といえるのだ。

「福建」の搭載する機体はおよそ60機。アメリカ空母の搭載する70機には及ばず、その機種はJ-15Tか、現在開発中のJ-35が中心となると目されるが、アメリカ以外でここまで多くのジェット機を運用できる空母を建造した国はない。中国は、「福建」の保有によって空母大国になろうとしているのだ。

中国が空母大国を目指したのは、1990年代の台湾沖ミサイル危機における屈辱（68ページ）があったからだろう。これ以後、中国はアメリカ空母に空母群で対抗しようとした。ウクライナから「ヴァリャーグ」を購入したのは、ミサイル危機を経てのちのことである。

中国は縮小した空母部隊を何に使うのか？——遼寧、山東、福建

中国の大型空母「福建」は、世界最強のアメリカ空母に抗しうる存在だ。これまでのスキー・ジャンプ台方式から卒業し、電磁カタパルト式を採用した点で、その高性能をうかがわせる。

けれども、「福建」は中国の空母開発の終わりのはじまりともいわれる。もともと中国は「遼寧」「山東」「福建」を含めて6隻の空母体制で、アメリカの空母11隻に対抗しようとしていたが、2020年の時点で空母保有計画を凍結してしまった

のだ。中国は、「福建」につづく4番目の空母の建造で、空母建造を打ち止めにし、4隻の空母体制に縮小する予定だ。

中国側の弁明によるなら、中国経済の停滞と予算の抑制が理由であるというが、疑わしいところがある。真相を推察するなら、期待の電磁カタパルトが、所期の性能に及ばなかったからではないか。

電磁カタパルトの性能が予定どおりなら、爆弾と燃料を満載にした艦載機を射出できるはずだった。だが、結果的にアメリカの原子力空母の蒸気式カタパルトのような射出力は得られなかった。そのため、中国は空母建造に懐疑的になりはじめたのだ。

中国は、5番目、6番目の空母を原子力空母にする予定であったともいう。原子力空母なら、蒸気式カタパルトを装備できるのだが、その原子力空母も諦めてしまったのだ。

中国が見てしまったのは、技術の壁だろう。原子力空母の開発は、即、高性能の蒸気式カタパルトの装備にはつながらない。蒸気式カタパルトの原理はわかっていても、実用化には高度な技術が必要なのだ。そのメカニズムは大がかりなうえ、強度を要する。蒸気式カタパルトを運用するとなると、艦底にある巨大なボイラーから飛行甲板まで蒸気管を大がかりに取り付けねばならない。

蒸気式カタパルト4基をフル稼働させるなら、巨大なボイラーを沸かし、大量の高圧水蒸気を送りつづけなければならない。このとき、ボイラーから水蒸気を大量にカタパルトに送り込むほどに、スクリューを回すための水蒸気が不足し、空母の速度が落ちてしまう。

アメリカはこの高圧水蒸気を巧みに管理するシステムを築きあげたが、他のどの国もアメリカの技術に追随できなかった。中国とて、アメリカ並みの蒸気式カタパルトの技術をもとうにも、もてないと悟ったようだ。そのため、5番目、6番目の空母の建造を諦めてしまったのだ。

中国が空母4隻の体制で打ち止めにするということは、アメリカ空母に空母での対抗は不可能と認めたということだろう。中国は、アメリカ空母を打ち倒すのに、中距離弾道ミサイルや極超音速ミサイル、あるいはAI搭載のドローンを選んだということだ。

では、中国は4隻の空母を何に使うかというと、恫喝と国威発揚のためだろう。たしかに、アメリカ空母ほどの攻撃力はなくとも、中国の大型空母には戦闘攻撃機が搭載されている。貧弱な空軍しかもてない中小国なら、中国空母の存在に怯える。中国が、中小国の沖合に空母を遊弋させるなら、それだけで十分な威嚇、恫喝にもなる。

また、空母は巨大である。中国空母が友好国に寄港するなら、それはそのまま中国の国威発揚にもなる。中国の目指す「一帯一路」構想の「一路」は、海のシルクロードを目指すものだ。中国空母は、やがてインド洋や地中海にも姿を現し、中国の存在を大きくアピールすることにもなるだろう。

米戦闘機が日英の空母戦略に与える影響とは
――「いずも」級、「クイーン・エリザベス」級、F－35B

空母の建造・運用には、高度な技術・システムが必要だ。20世紀後半、アメリカの原子力空母以外の空母で、高性能ジェット機の運用がむずかしいことがわかって以来、各国はそのことを認識してきた。各国は空母を求めながら、その建造をためらってきたのだが、2010年代になって、様相が変わってきている。新たなる空母建造や、ヘリ空母への改造がはじまっている。

その代表格は、イギリスの新鋭空母「クイーン・エリザベス」だ。「クイーン・エリザベス」級の基準排水量は、4万5000トン。イギリス史上最大の空母であ

給油準備中の艦載型ステルス多用途戦闘機F-35BライトニングⅡ。短距離離陸と垂直着陸が可能

り、2番艦に「プリンス・オブ・ウェールズ」がある。前部と後部にふたつの艦橋を配置するという、独得のスタイルとなっている。その搭載機数は、およそ40機。スキー・ジャンプ台方式の飛行甲板を有している。

また、日本は、実質ヘリ空母であった護衛艦「いずも」級の空母改造に着手している。「いずも」型の基準排水量は1万9500トン。ヘリ空母時代は最大で14機のヘリを搭載可能であったが、空母化したとき、およそ10機程度の艦載機を運用すると思われる。

「クイーン・エリザベス」級や空母「いずも」型の登場は、アメリカ製の新型戦闘機F-35B「ライトニングⅡ」の運用を前提としたものだろう。F-35には陸軍用、海軍用などがあり、なかでもBタイプは垂直着陸・短距離

空母化の改造がおこなわれる護衛艦「いずも」。基準排水量19,500t、速力30ノット（写真：海上自衛隊）

離陸機（V／STOL）性能を有している。V／STOL機能を有しているF－35Bなら、中型空母クラスでも運用が可能だ。

これまで蒸気式カタパルトがない限り、弾薬を満載にした高性能のジェット機の発艦は不可能とされてきた。ところが、F－35Bの登場によって、中型空母での高性能ジェット機運用が見えてきたのだ。

しかも、F－35B「ライトニングⅡ」は、ステルス性能を有している、新世代機である。他の戦闘機を圧する能力を秘めているからこそ、イギリスや日本は新たに空母の保有に向かっていったのだ。

日本の場合、「いずも」型の空母化は実験であるともいわれる。太平洋戦争に敗れるまで日本は数多くの空母を建造・運用してきたが、ジェット機の時代になってのち、空母を建造したこともなければ、運用したこともない。日本は中型クラスの空母「いずも」を運用することで、現代空母とは何かということを学び取り、その先を見ようとしているという観測もある。日本が「いずも」級空母によい感触を得るなら、より大型の空母建造に着手する可能性がある。そのとき手本となるのは、イギリスの「クイーン・エリザベス」級なのかもしれない。

ただ、問題はF-35Bが所期の能力を発揮してくれるかどうかだ。V/STOL機の機体は、複雑な構造であり、開発はむずかしい。だから、V/STOL機は世界にそうはなかった。V/STOL機の代表といえば、イギリスの開発した「ホーカー・シドレー・ハリアー」、これを進化させたアメリカのAV-8B「ハリアーⅡ」くらいである。「ハリアーⅡ」はアメリカの強襲揚陸艦で運用されているが、同世代の機種に比べて性能面で劣っているのも事実だ。「ハリアーⅡ」は、湾岸戦争にあって損耗率が高かった。

F-35Bは、「ハリアーⅡ」よりもずっと高性能を約束されているようだが、V/STOL機としての制約を超えるほどの性能を本当に出せるかどうかだ。しかも、F-35Bの故障率は高いという。もしF-35Bが所期の性能を得られないのであれば、日本の「いずも」級もイギリスの「クイーン・エリザベス」級も期待された力を発揮できない危惧がある。

米中が強襲揚陸艦に注力する狙いは何か？

――075型、076型、「玉昭」級、「アメリカ」級

近年、中国海軍が空母の建造よりも力を注いでいると思われるのが、強襲揚陸艦や揚陸艦の建造である。中国は21世紀になって、ドック型輸送揚陸艦「071型(玉昭級)」8隻を就役させた。つづいては、強襲揚陸艦「075型」を建造中であり、すでに1番艦「海南」と2番艦「広西」が就役している。「075型」は、8隻建造の予定である。

強襲揚陸艦、揚陸艦は、上陸作戦の主役となる。揚陸艦はたいてい大型であり、揚陸艦には多くの兵士が乗り、さらには戦車や戦闘車両も積み込まれている。強襲揚陸艦、揚陸艦は、敵前上陸作戦を展開・支援するために欠かせない艦船なのだ。

揚陸艦のなかで、最初に発達したのが、ドック型揚陸艦だ。ドック型揚陸艦を開発したのはアメリカであり、日米戦争の経験を通じて、ドック型揚陸艦の発想に至った。それまでの揚陸艦は艦首部分を楯状にして、揚陸艦内の兵士を守りながら、

浅瀬まで到達していた。ただ、艦首部分を楯状にしたことで、波の抵抗が強まり、揚陸艦の速度は遅かった。そのため揚陸艦は敵の攻撃を受けやすかった。その経験と上陸用輸送艇の高速化をもとに、アメリカはドック型揚陸艦を建造する。

ドック型揚陸艦は、艦内に上陸用輸送艇を収納している。この輸送艇に兵士を乗り込ませ、さらには戦車や戦闘車両も積載する。輸送艇はドック型揚陸艦の後方から出撃し、高速で敵前上陸を果たすのだ。これにより揚陸艦本体の安全が確保され、上陸作戦のスピード化が達成された。

強襲揚陸艦は、ドック型揚陸艦に攻撃機能を加えた艦だ。艦内に輸送艇を収納しているところまでは、強襲揚陸艦とドック型揚陸艦は同じだ。ただ、姿形は完全に異なり、強襲揚陸艦は空母のような全通甲板を備えているのだ。

強襲揚陸艦は、準空母のような存在であり、空母ほどではないが、強力な対地攻撃力をもつ。全通甲板から、垂直着陸・短距離離陸機（V／STOL機）やヘリを運用できるのだ。「ハリアーⅡ」のような攻撃機を運用するなら、上陸をまえに、敵陣を爆撃し、敵の反撃能力を削いでいける。強襲揚陸艦なら、海と空から立体的に上陸作戦を支援できるのだ。

中国の台頭以前、強襲揚陸艦を数多く運用していたのはアメリカである。アメリ

戦闘機や輸送機、ヘリコプターを載せられる強襲揚陸艦アメリカ。満載排水量45,700ｔ、速力22ノット

カは満載排水量４万６５０トンの「ワスプ」級７隻を保有し、新たに「アメリカ」級を就役させはじめている。「アメリカ」級の満載排水量は４万５０００トンを上回り、中小国の空母よりもずっと大きい。その全通甲板からは、Ｆ－35Ｂを６機、ヘリを20機以上運用できる。

一方、中国のドック型輸送揚陸艦「玉昭」級の満載排水量は２万５０００トン。８００名以上の兵士の輸送が可能だ。強襲揚陸艦「０７５型」となると、満載排水量は４万７０００トンに迫る。全通甲板上では30機のヘリを運用し、１６００名の兵士を輸送できる。中国は、さらに「０

７５型」につづき「０７６型」強襲揚陸艦も計画中である。「０７６型」には、電磁カタパルトが装備され、そこから攻撃型ドローンが発艦するともいわれる。

中国が空母よりも強襲揚陸艦の充実に力を注ぎはじめているのは、台湾の接収、南シナ海、東シナ海での覇権を意識してのことだろう。中国の悲願は、台湾の吸収とされる。宥和的であった胡錦濤政権の時代、台湾は中国に靡いたも同然であったが、独裁を目指す習近平時代になると、台湾は強権的な中国と距離を置くようになった。習近平の中国は、台湾の武力制圧を視野に入れていて、武力制圧となれば、大規模な上陸作戦も必要だ。その上陸作戦の主役として、強襲揚陸艦、揚陸艦の充実を図っているのだ。

さらに、中国は南シナ海にあっては、スプラトリー（南沙）諸島の完全制圧を狙っている。東シナ海にあっては、尖閣諸島の奪取も目論んでいる。こうした島嶼での戦いに強襲揚陸艦、揚陸艦は欠かすことができず、中国は強襲揚陸艦、揚陸艦の数を揃えはじめているのだ。

また、日本もじつのところ強襲揚陸艦を備えている。「おおすみ」級は輸送艦を名乗っているが、全通甲板を装備し、世界的に見れば、強襲揚陸艦の範疇にはいる。ただ、「おおすみ」級全3隻で運べる兵士は、およそ１０００人程度でしかない。

対応力が中途半端でもあり、尖閣諸島での有事の際に投入できるかは疑問だ。

海自はなぜ小型の「準イージス艦」を建造するのか？——「あきづき」級、「あさひ」級

イージス艦は、ハイテク装備の駆逐艦として知られる。日本の海自は、「こんごう」級、「あたご」級、「まや」級の全8隻のイージス艦を運用している。アメリカともなれば、「アーレイ・バーク」級、「タイコンデロガ」級など、およそ100隻近いイージス艦を運用し、世界最大のイージス艦保有国である。

イージス艦とは、イージス・システムを備えた艦であり、艦隊防空の要である。近代の海戦にあって、最大の脅威となっているのは、敵からのミサイル攻撃だ。とくに数多くのミサイルの飽和攻撃を受けたとき、ふつうの駆逐艦では対処できない。そこで、イージス・システムが考案された。イージス・システムでは、フェイズドアレイレーダー（位相配列レーダー）が100発以上のミサイルを捕捉し、迎撃ミサイルによってすべてを撃ち落としていく。

とくにイージス艦は、空母の守りとなっている。空母は攻撃機を発艦させることができても、対空防禦システムをほとんどもたない。そこで、イージス艦が空母の

イージス艦に準ずる能力をもつ護衛艦あきづき。
基準排水量5,050ｔ、速度30ノット

周囲に配置され、空母を敵ミサイルから守るのだ。アメリカ海軍では、1隻の空母を守るために数多くのイージス艦を周囲に配備しているほどだ。

日本は西側世界ではアメリカに次ぐイージス艦保有国となっているが、準イージス艦ともいえる艦までも建造している。それが「あきづき」級、「あさひ」級となる。

「あきづき」級、「あさひ」級は、1万トンクラスのイージス艦「こんごう」級、「あたご」級、「まや」級よりもずっと小型であり、5000トン台だ。そうでありながら、イージス艦と同じような、フェイズドアレイレーダーを備え、艦隊防空に当たることもできるのだ。

「あきづき」級、「あさひ」級が準イージス艦といえる存在になったのは、日本の防衛の混乱による。「こんごう」級をはじめとするイージス艦が、艦隊防空の役をまっとうできなくなったからだ。

すでに述べたように、日本の運用するイージス艦は弾道ミサイル防衛の要とされている。イージス艦が対処するのは、大気圏外、高空域にある弾道ミサイルである。イージス艦のフェイズドアレイレーダーが高空域をカバーしようとするなら、低空域をカバーしきれない。艦隊を襲う対艦ミサイルは低空域が飛来するから、「こんごう」級、「あたご」級、「まや」級イージス艦はこれに対応しきれない恐れも出てきた。

そこで、新たに準イージス艦として建造されたのが、「あきづき」級、「あさひ」級である。海自は、「あきづき」級、「あさひ」級の合計6隻をもってして、艦隊防空のもうひとつの要としているようだ。

各国が進める「軍艦のステルス化」は成功するのか？——「ラファイエット」級、「ズムウォルト」級ほか

現在、世界各国の海軍が推し進めているのは、軍艦のステルス化である。レーダ

ーに映らないステルス化については、航空機が先行し、アメリカは「見えない戦闘機」F−22「ラプター」を開発してきた。空の世界に遅れながら、海の世界でもステルス化が求められ、模索されているのだ。

ステルス艦の嚆矢といえそうなのは、フランスのフリゲート艦「ラファイエット」級だろう。満載排水量3600トン程度の中型艦「ラファイエット」が就役したのは、1996年のことだ。このとき、世界は「ラファイエット」のあまりにシンプルな姿形に驚いた。

それまでの駆逐艦、巡洋艦は、甲板上に多くの構造物があり、艦橋やマストは複雑な形状をしていた。

ところが、「ラファイエット」級においては、艦橋構造物が簡素化され、船体の上部構造がほとんど平面で構成されていた。マストもシンプル化され、じつに凹凸のない艦容となっていたのだ。それは、ステルス化を目指した結果である。

以後、世界ではステルス艦建造が流行りとなる。艦船のステルス化は、航空機のステルス化ほど高度な技術は要らず、平面化を進めればいいから、どの海軍でも取り組めたのだ。中国海軍も、軍艦のステルス化を積極的に進めてきている。

ステルス艦の究極といえるのが、アメリカの開発したミサイル駆逐艦「ズムウォ

特異な形状でステルス機能をもつアメリカの最新ミサイル駆逐艦ズムウォルト。満載排水量14,800 t、速力30ノット

ルト」級だろう。「ズムウォルト」のデザインは、未来的ですらある。水上に浮かぶ船体は細長い台形状となっていて、艦橋構造物と煙突は一体化され、どこに煙突があるか見当がつきにくい。アンテナは、すべて艦橋構造物のなかに埋め込まれているから、じつにステルス性の高い艦といえた。ただ、「ズムウォルト」級の場合、あまりに高価なため、3隻で建造は打ち止めになっている。

日本はといえば、軍艦のステルス化には遅れ気味であった。もともと日本の艦船は複雑な形状になりがちだったからだが、その流れから脱したのが、満載排水量5500トンの「もがみ」級だ。「もがみ」級は、これまでの日本の軍艦にないシンプル化されたデザインとなっており、日本で初の本格的なステルス艦といっていい。

ただ、ステルス化によって、軍艦が本当に「見えない軍艦」になってしまったわけではない。

というのも、いくら軍艦のステルス化を進めようと、軍艦の進む海面がレーダーを反射してしまうからだ。たとえば、レーダー波を100パーセント吸収する素材で航空機を開発するなら、その航空機は完全にレーダーに映らない「見えない機体」となる。一方、同じ素材で軍艦を建造したとき、たしかに軍艦はレーダーに映らなくなるのだが、海面がレーダー波を反射する。レーダー波を反射しない船体部分のみがレーダーに黒い影として映り、ステルス艦の所在を明らかにしてしまうのだ。

ステルス度の高い軍艦であっても、レーダーから完全に消えることはないが、レーダーに映りにくい「点」になってしまうのはたしかだ。ステルス度の高い前述の「ズムウォルト」は1万6000トンの大型駆逐艦だが、レーダーには小型の釣り舟程度にしか映らない。「ズムウォルト」は、イージス艦「アーレイ・バーグ」級の後継艦として開発されたが、レーダー反射断面積は「アーレイ・バーグ」級の50分の1ほどだったのだ。

なぜ、水上戦で、日米の駆逐艦は中国の駆逐艦に勝てないのか？

――「南昌」級、「昆明」級、YJ–18

現在、中国海軍が充実させているのは、強襲揚陸艦、揚陸艦のみにとどまらない。駆逐艦、フリゲート艦といった水上戦闘艦の拡充にも力を注いでいる。中国海軍の駆逐艦、フリゲート艦の総数は、早晩、100隻を超えると思われる。その戦闘能力は、単純なスペックのみなら、アメリカ海軍のイージス艦、日本海軍のイージス艦や護衛艦を上回っている。

中国海軍の最新の駆逐艦「055型（南昌級）」は、基準排水量1万1000トン。海自のイージス艦「こんごう」級、「あたご」級を上回る大きさであり、イージス機能も有している。

と同時に、その攻撃力は「こんごう」級、「あたご」級やアメリカのイージス艦を超越している。射程の長いYJ–18対艦ミサイルを装備しているからだ。

YJ–18対艦ミサイルは、射程220～600キロにもなるという。一説には、最大射程600キロを超える。これに対して、西側の対艦ミサイルのスタンダードである「ハープーン」の最大射程は、120～315キロでしかない。「南昌」級は、日米のイージス艦や護衛艦にアウトレンジ攻撃ができるのだ。

「南昌」級よりも小型の駆逐艦「052D（昆明級）」もまた、イージス艦であり、YJ-18対艦ミサイルを搭載している。

実際の海戦は、個艦で戦うものではない。戦闘攻撃機やドローン、潜水艦なども加わるし、電子戦能力も問われる。どういう展開になるか予断はゆるさないにしろ、たんにスペックのみからいうなら、中国の駆逐艦が日米の水上戦闘艦を一方的に撃破できるのだ。

中国の駆逐艦、対艦ミサイルのレベルが飛躍的に向上したのは、この20年間である。先の台湾沖ミサイル危機でアメリカ海軍の強さを認識した中国海軍は、個艦の性能向上へと向かった。そこから先、ロシアの技術を導入する。ロシアから輸入した「ソヴレメンヌイ」級駆逐艦は、その後の中国製駆逐艦のベースになった。

ミサイルも同様であり、YJ-18対艦ミサイルは、ロシアの開発した3M-54「クラブ」対艦ミサイルのコピーと見られている。ロシアの3M-54は、目標の手前で弾頭が切り離され、弾頭の最終速度は超音速となるとされる。YJ-18もこれと同じ能力を有しているなら、手強いミサイルとなる。

5

アビオニクスの対決！
戦闘機、早期警戒機、爆撃機の未来

「第6世代戦闘機」の開発が進んでいる国はあるか?——F-3、J-20、J-31、Su-57

現在、世界各国が開発をはじめているのは、「第6世代ジェット戦闘機」である。第6世代戦闘機は、これまでにない概念が盛り込まれた画期的な戦闘機になるという。日本は、F-2戦闘機の後継機となる仮称F-3戦闘機を第6世代戦闘機として位置づけて開発をはじめている。

もし、第6世代戦闘機の本格的な開発が成功するなら、現在の世界最強の戦闘機であるアメリカのF-22「ラプター」でさえも陳腐化させてしまうかもしれない。第6世代最強の戦闘機を開発した国が、覇権を握ることも考えられる。

けれども、本当にそんな日がくるのだろうか。第6世代戦闘機は、夢想のままに終わる可能性も少なくないのだ。

実際のところ、第6世代戦闘機以前の第5世代戦闘機でさえも、各国はろくに開発できていない。第5世代戦闘機は2000年代から運用されはじめたタイプであり、ステルス性を特徴としている。アメリカのF-22「ラプター」、F-35「ライトニングⅡ」、中国の「J-20(殲撃二〇型)」、ロシアのSu(スホーイ)-57などがそう

現時点での世界最強のステルス戦闘機F-22ラプター。
最高速度2,400km、航続距離3,000km、乗員１名

だ。このうち、F−22「ラプター」は成功作であるといえるのだが、ほかの機体は成功しているとは言い切れない。

F−35の場合、「ラプター」ほど高度なステルス性はないものの、ステルス機として合格といわれる。ただ、何の運用実績もなく、しかも「ラプター」よりも高価になってしまっている。

中国のJ−20、ロシアのSu−57となると、中国やロシアは「ステルス機」として喧伝（けんでん）しているが、実際のところどれだけステルス性があるかは疑わしい。

Su−57は、ロシアの「PAK FA（戦術航空機先進航空複合体）」計画に基づく。これに興味をもったのがインドであり、インドとロシアは「PAK FA」

中国で開発中の第５世代ステルス戦闘機J-31。最高速度2,200km、航続距離1,200km、乗員１名（写真：WC）

を土台にステルス機の共同開発に向かったが、頓挫してしまっている。ロシアに高度なステルス技術があれば、インドは共同開発を諦めず、資金を投資しただろう。そうしなかったのは、インドがロシアのステルス技術を見切ったからだろう。

中国のJ-20は、一見、アメリカの「ラプター」ステルス戦闘機に似ている。中国はステルス性のある高性能機と喧伝しているが、ステルス度はそう高くないだろう。というのも、J-20は主翼のみならず、機首方向に前翼（カナード）を備えているからだ。カナードは戦闘機の揚力を引き上げ、運動性を向上させるもので、スウェーデンのサーブ37「ビゲン」戦闘機がこれを採り入れ、成功している。けれども、カナードはステルス性を損なうといわれる。この一点で、J－20のステルス性は疑わしい。

中国は、J－20につづいてJ－31も開発している。ステルス機とされるJ－31には、J－20と違ってカナードがない。その点でいえば、J－20よりはステルス性が高いかもしれない。ただ、中国はJ－31を輸出用と見なしているようだ。アメリカのF－35は、ひじょうに高価である。F－35を買えない国に対して、F－35の代わりとしてJ－31を売りつけようとしているのだ。中国が自国の主力機と見なしていない一点で、その性能が超越的なものでないという察しがつく。

結局のところ、2022年の段階で、成功している第5世代戦闘機は「ラプター」のみなのだ。その「ラプター」はアメリカから門外不出のステルス戦闘機であり、各国はまともな第5世代戦闘機を保有できていないのだ。

各国の主力戦闘機が「第4世代戦闘機」にとどまっている理由 ――F－15「イーグル」ほか

第5世代戦闘機の多くが成功といえない現状にあって、各国の戦闘機の主役は、いまだ「第4世代ジェット戦闘機」となっている。第4世代戦闘域とは、1960

年代のベトナム戦争での体験をもとに、1970年代に開発され、1980年代以降、主役となった戦闘機だ。アメリカのF-14「トムキャット」、F-15「イーグル」、F-16「ファイティング・ファルコン」、F-18「ホーネット」、欧州共同開発の「ユーロファイター　タイフーン」は、すべて第4世代戦闘機である。「トムキャット」を除いて、いまだ各国の主力の座にある。

もっというなら、いまだ「第3世代ジェット戦闘機」でさえもが戦力になりうる。第3世代戦闘機は1960年代に登場した超音速の戦闘機であり、アメリカのF-4「ファントム」が代表だ。「ファントム」は、使いようによっては、いまだ十分に戦える戦闘機である。

このように、各国の戦闘機のレベルは、ほとんど第4世代戦闘機で止まっている。第5世代戦闘機を成功させたのはアメリカ一国のみでしかない。第5世代戦闘機のノウハウもさしてない、アメリカ以外の国が、第6世代戦闘機を成功させることはひじょうにむずかしい話なのだ。しかも、第6世代戦闘機はより大型化、大重量化すると見られている。高度なステルス性を得るためにだ。

ステルス機は、一般に非ステルス機よりも大型化、大重量化する傾向にある。ミサイル類を内部に収納しなければならないからだ。非ステルス機の場合、ミサイルを機体下部に吊り下げておけばいいが、ステルス機はそういうわけにはいかない。ミサイルを機体外部に吊り下げるなら、ミサイルがレーダー波を反射するから、敵のレーダーに捉えられてしまう。これを避けるには、ミサイルを内部収納するしかなく、そのため機体内部のスペースは増大し、開閉式のハッチを設けなければならないために重量も増大していくのだ。

第6世代戦闘機が大型化、大重量化するなら、それに見合った高性能エンジンの開発も必要となる。開発資金は膨大なものになり、よほど経済力のある国でない限り、果たして一国のみでの開発が可能かどうか。アメリカでさえも第6世代戦闘機となると、開発には相当な困難を伴うだろう。近未来、第6世代戦闘機は登場せず、第4世代戦闘機がいまだ主役である可能性は高いのだ。

将来、ドローンは有人機を凌駕するのか？
――XQ-58「ヴァルキリー」ほか

第6世代戦闘機が「幻」で終わりそうなのは、ドローンが登場したからでもある。近未来、ドローンが有人戦闘機に代わる役目を果たすと見られているのだ。

現在のところ、無人機（UAV）は偵察機、攻撃機程度に限られていて、さすがに本格的な無人戦闘機は登場していない。だが、アメリカをはじめ各国とも、本格的な無人戦闘機の開発には力を入れていて、いずれ無人の戦闘機が主力となるといわれる。

有人戦闘機と無人戦闘機が戦ったとき、どちらが勝利するかといえば、無人戦闘機のほうだと考えられる。というのも、無人戦闘機なら、有人戦闘機にできない機動も可能となるからだ。

有人戦闘機の能力を引き出すのは人間であり、有人戦闘機の能力の限界は人間の能力の限界でもある。とくに人間の肉体の限界が、有人戦闘機の限界をつくっている。限界の典型が、パイロットにかかるＧ（重力加速度）である。戦闘機パイロットには、戦闘時に想像を超えた強力なＧがかかってくる。いまどきの戦闘機は高速であるうえ、機動性が高い。空中戦ではマッハに近い速度で旋回することもあり、そのときパイロットには巨大なＧがかかってくる。

Ｇへの耐性は、一般人では４Ｇが限界とされる。それを超えると、血液が脳内に回らなくなり、視野が狭くなり、判断力が鈍ってくる。これは「グレイアウト」といわれる状態で、６Ｇになると、視野が真っ暗になる「ブラックアウト」となる。訓練を積んだパイロットならそれでも６～８Ｇ程度までは耐えられるが、８Ｇを超えたGがかかってくると、もう耐えられない。8Gを超えると、パイロットは「G-ロック」状態となり、ついには失神してしまう。操縦不能となり、そのまま墜落する。この「G-ロック」によって命を失うパイロットは、いまでも数多い。

これに対して、無人戦闘機の場合、どんなにGのかかる機動をとろうと、操縦不能に陥ることはない。無人戦闘機なら、有人戦闘機にできない機動をとることで、有人戦闘機を振り回し、優勢を得られる。

無人戦闘機が高い機動性を得られる時代になると、現在の主力有人戦闘機もお払い箱になると考えられるのだ。しかも、無人戦闘機の場合、操縦士用のスペースが不要になる。おかげで、平べったいシルエット、つまりステルス度の強い機体を開発しやすくもなる。実際、現在開発の進んでいる無人戦闘攻撃機の多くは、平べったい形をしている。

たしかに、2022年現在、有人戦闘機はいまだドローンに対して優位にある。21世紀初頭、イラク上空にあって、MQ-1「プレデター」は、ロシア製のMiG（ミグ）25に撃墜されている。ほかにもドローンが戦闘機に撃墜されたとおぼしき報告はあり、いまのところ、有人戦闘機は対ドローン戦闘を優位に進めている。

ただ、将来、ドローンの性能が高まるようになれば、逆転劇が起こりうるのだ。

アメリカで開発中のステルス無人戦闘機XQ-58「ヴァルキリー」。最高速度1,050km、航続距離3,941km

すでにUAVの開発は各国で進んでいて、もっとも先行しているのがアメリカだ。アメリカは無人戦闘攻撃機X－47B「ペガサス」の開発を進めてきてきた。X－47Bは空母搭載用の艦載機であり、着艦実験も成功させていたが、途中で開発を中止した。

ただ、アメリカはこれと別にXQ－58「ヴァルキリー」を開発中だ。「ヴァルキリー」は実験用の無人機だが、そのコンセプトはF－22「ラプター」やF－35「ライトニング」の支援であるという。F－22やF－35が攻撃を受けそうなときには、「ヴァルキリー」が護衛に当たる。つまりは、優秀な有人機の「よき僚機（りょうき）」というコンセプトなのだ。

同じコンセプトを進めているのは、オーストラリア軍で、MQ-28「ゴースト・バット（ロイヤル・ウイングマン）」を開発中だ。これまた、F-35やF／A-18E／F「スーパー・ホーネット」を支援する無人機だ。

一方、中国では「利剣プロジェクト」が推し進められ、平べったい形の無人機を開発、無人攻撃偵察機「GJ-11」を登場させている。ロシアもまた、平べったい形をしたS-70「オホートニク-B」を手掛けている。

ヨーロッパでは、フランスのダッソー社を中心にスウェーデンやイタリア、スペイン、ギリシャ、スイスなどが加わり、「ダッソー nEUROn（ニューロン）」の開発が進行中だ。

米空軍は、なぜ「世界最強戦闘機」を実戦投入できないのか？――F-22「ラプター」

第6世代戦闘機や無人戦闘機の本格化にまだ時間がかかりそうな2020年代にあってなお、アメリカのF-22「ラプター」は世界最強でありつづけると思われる。

「ラプター」は、もっともステルス度の高い戦闘機である。ロックオン不能の「見えない戦闘機」であるという一点で、他の高性能戦闘機を突き放している。

ラプターのもうひとつの強みは、高性能エンジンの搭載にある。「ラプター」に搭載されているエンジンの推力はおよそ11・8トン。アフターバーナーを使用するなら、エンジン推力は最大で18トンにもなる。そんな高性能エンジンを2基搭載しているから、マッハ1・8でのスーパークルーズ（超音速巡航）も可能となる。

これまで高性能エンジンを搭載した戦闘機として世評に高かったのが、F－15「イーグル」だ。そのエンジン推力は、アフターバーナーを利用しても、約10・6トンにすぎない。エンジンひとつとってみても、「ラプター」は、圧倒的な戦闘機なのである。

高性能エンジンがあるから、「ラプター」には高度な電子機器を数多く内蔵できる。「ラプター」は、高度な電子機器を利用し、70キロ先の敵機も撃ち落とすのだ。実際、「ラプター」は、これまで最強といわれてきた「イーグル」を相手としていない。模擬空戦では百戦百勝であり、5機の「イーグル」が束になってかかっても、1機の「ラプター」にやられてしまう。

新たなステルス機として登場するF－35「ライトニングⅡ」も「ラプター」の前では色褪せる。ステルス性にあっては「ラプター」のほうが上とされるし、エンジン性能もラプターが上である。ともに最大推力18トンのエンジンを搭載しているが、F-35が1基なのに対して、「ラプター」は2基搭載しているのだ。

ただ、「ラプター」は187機で生産を打ち切り、輸出に回されることもなかった。戦争に投入されることも滅多になかったという。

最強の「ラプター」が「使えない戦闘機」となったのは、高価であることと、それ以上に機密性の高い機体であったからだ。万一、墜落し、ロシアや中国に機体がわたるなら、アメリカの技術的優位が崩れてしまう。それを恐れたアメリカは、「ラプター」の使用を惜しみ、「使いにくい戦闘機」にしてしまったのだ。

中国・ロシアの主力機が米軍機に及ばない「アビオニクス」とは——Su-35、J-20ほか

現在、アメリカを除いて、戦闘機開発に熱心なのは、ロシアと中国だ。ロシア、中国はアメリカの高性能戦闘機に対抗すべく、新たな機体を次々と開発してきた。

ロシアの場合、Su-27「フランカー」にはじまるシリーズだ。Su-30、Su-34、Su-35などは、高性能をうたい文句に輸出兵器ともなっている。

中国も「フランカー」を国産化し、「J-11（殲撃（せんげき）一一型）」として配備している。と同時に、中国は「J-10（殲撃一〇型）」や「J-20（殲撃二〇型）」という国産戦闘

ロシアの長距離多用途戦闘機Su-35。最大速度2,754km、航続距離3,600km（写真：Aleksandr Medvedev）

機も開発してきている。J−10のデザインは、ロシア戦闘機よりも西側戦闘機に近い。J−20は、ステルス戦闘機という触れ込みである。

こうした中国、ロシアの戦闘機は、アメリカ製の主力戦闘機よりも新しい。アメリカのF−15「イーグル」、F−16「ファイティング・ファルコン」は、ともに1970年代の設計で、すでに半世紀まえの思想の産物である。一方、ロシア、中国の戦闘機は、1980年以降に設計され、新しい設計思想も導入されている。とくに、ロシアの「フランカー」シリーズは、空力学的に洗練された印象があり、「フランカー」シリーズをはじめ中国、ロシアの主力戦闘機は、F−15や

F—16の上をいくのではないかという見方もある。

けれども、現状の中国、ロシアの主力戦闘機では、F—15、F—16に勝てないと思われる。いかに機体設計を洗練させようと、古い設計のF—15、F—16のほうが上をいくのだ。それは、電子戦能力の差である。つまり、レーダー、電子装備の差であり、それを支えるエンジン性能の差なのだ。

電子戦の主役を務める電子装置は「アビオニクス」と呼ばれる。ステルス戦闘機が相手でないかぎり、アビオニクス能力の高い戦闘機が勝利するのだ。

アビオニクス能力のなかでも大きな要素となるのが、レーダーである。フェイズドアレイレーダーと呼ばれる電子走査レーダーなら、一瞬にして広い空域を索敵(さくてき)してしまう。それも、単機で4機、5機の敵を相手にできる。

また、高性能戦闘機にはルックダウン（下方監視）レーダーが搭載されているが、これは地上の監視のためではない。じつは上空から地面に散乱した電波を解析して、敵機の種類を識別しているのだ。

アメリカのF—15、F—16のアビオニクス能力は、中国・ロシアの戦闘機のアビオニクス能力よりもずっと高い。現代の戦闘機同士の戦いでは、格闘戦はまず起こらない。遠距離からのミサイル攻撃ですべて決着がつく。つまり、より高い性能のレーダー、電子装備で先に敵機を発見したほうが、敵機に存在を知られることなく、先制攻撃を仕掛けて、一方的に敵機を撃墜するのだ。

F-15、F-16のアビオニクス能力が高いのは、信頼性の高い優秀な性能エンジンあってのものだ。アビオニクスを装備していくと、それは大きな重量となり、戦闘機の負担となる。けれども、F-15、F-16の搭載エンジンは、ともに強力であり、かつ信頼性が高い。アビオニクスは、次々と更新され、新しい機器も出てくる。それでもF-15、F-16には新たな機材を内蔵できるほどの余裕が機体にあり、それを十分に支えるエンジンがあるのだ。

F-15もF-16も就役したころから、姿形を変えていない。そのため旧式なままに見えるのだが、中身のアビオニクスは最新のものに更新されている。空力学的には古い設計でも、アビオニクス能力を最新のものにしているなら、高い能力が得られる。F-15よりもさらに古い戦闘機であるF-4「ファントム」でも、最新のアビオニクスを装備するなら、十分戦力となるのだ。

中国、ロシアの戦闘機の場合、エンジンの信頼度に問題がある。公式のスペックは高くとも、そのスペックどおりの性能がつねに発揮できるとは限らない。そのエンジンの問題が、アビオニクス搭載能力にも影響しているのだ。

近年、アメリカはF-16シリーズの最新であるF-16V（ブロック70）の台湾への売却を決めた。それまで台湾の運用していたF-16A／Bはさすがに老朽化し、中国相手にはこころもとなくもあった。台湾に売却したF-16Vは、アメリカ軍の運用するF-16よりもすぐれた性能であり、アメリカはF-16Vならば、中国の新鋭戦闘機にも十分対処できると踏んでいるのだ。

何でもこなすマルチロール機はいかに進化するか？——F／A-18E／F「スーパー・ホーネット」

F-15「イーグル」、F-16「ファイティング・ファルコン」は、およそ50年まえに設計された旧式機だ。でありながら、いまだ西側世界の主力戦闘機でありつづける実力を有する。その仲間のような存在に、F／A-18E／F「スーパー・ホーネット」戦闘攻撃機がある。

「スーパー・ホーネット」は、表向きはF-16と同世代のF／A-18「ホーネット」の改良版である。その形状は「ホーネット」とほとんど変わらないのだが、設計はずっと新しい。「ホーネット」との共通部品はおおよそ1割程度であり、あとは新規に設計されている。そのため、「ホーネット」よりも行動半径が大きく、より高度な電子システムを備えている。

「ホーネット」とはほとんど別物なのに、「スーパー・ホーネット」という改良機的な名称にしたのは、予算を取得するためである。一般に、新設計の兵器は、カネがかかるからという理由で議会の反対に遭いやすい。そこで、「ホーネット」の改良版を装うことで、議会を通過しやすくしたのだ。

そのため、「スーパー・ホーネット」の姿形は、旧式の「ホーネット」とほとんど変わらない。しかしながら、すでに述べたように、現代の空中戦はアビオニクス能力とエンジン性能で決まる。「スーパー・ホーネット」は高いアビオニクス能力をもっているから、世界最強のアメリカ空母部隊の主力艦載機となっているのだ。しかも、その高いエンジン性能もあって、爆弾搭載量は最大で8トンにもなる。

「スーパー・ホーネット」の外見は旧式っぽさがあるが、じつは世界でもっとも成功したマルチロール機に挙げられるだろう。マルチロール機とは、戦闘機相手の空中戦闘、対艦攻撃、対地攻撃、偵察など、何でもこなす航空機だ。F‐16も優秀なマルチロール機だし、攻撃力を備えたF‐15Eも高性能マルチロール機だ。ステルス戦闘機F‐22「ラプター」も、攻撃機に使える。ただ、「スーパー・ホーネット」が洋上にあって、対艦攻撃もできることを考えるなら、F‐15、F‐16、F‐22以上の多目的機といえるのだ。しかも、「スーパー・ホーネット」は給油機にもなって、僚機（りょうき）に空中給油する芸当までできる。

「スーパー・ホーネット」は、近未来、ドローンの母機にもなる。「スーパー・ホーネット」の余裕ある機体のなかに、何十機の小型ドローンを収容、作戦空域で「スーパー・ホーネット」がドローンを放出し、ドローンに軍事行動させることも可能なのだ。

アメリカ海軍は、かつてF－14「トムキャット」を運用していた。ただ、「トムキャット」は高性能艦載機であったが、マルチロール機として不十分なところもあり、「スーパー・ホーネット」の登場によって退役に追い込まれたのだ。

早期警戒機はなぜ制空権のカギを握るのか？——E－3「セントリー」、E－2C「ホークアイ」、E－767

現代の空中戦を制するのは、戦闘機の電子戦能力なのだが、じつはほかにも大きな要素がある。その戦闘機集団に、高性能の早期警戒管制機（AWACS＝エイワックス）の支援があるかどうかが勝敗の分かれ目となる。

AWACSを有する戦闘機部隊と、AWACSをもたない戦闘機部隊が戦うなら、前者が圧勝するだろう。いかに新型の強力な戦闘機を備えていても、AWACSに先に発見されてしまうと、敵ミサイルの先制攻撃を受けてしまうのだ。

2022年、ロシア軍のウクライナ侵攻にあっては、ロシア空軍は力を発揮できなかった。ロシア空軍機はウクライナ軍相手に予想以上の苦戦を強いられているが、その要因のひとつがAWACSの存在だろう。NATOはポーランド上空につねに早期警戒管制機E-3「セントリー」を飛行させているのだ。「セントリー」はウクライナ、ロシア方面にあるロシア空軍機の動向を完全に把握し、ウクライナ側にデータを送っている。ウクライナ側は、ロシア空軍機の動向を早くに察知できるので、対処しやすいのだ。

AWACSのベースとなっているのは、たいてい旅客機である。その旅客機ベースの機体の上に、巨大な円盤状のレーダーを搭載している。そのレーダーは、戦闘機のレーダーよりもはるかに強力であるうえ、空から運用しているので、地上の強力なレーダーよりも捜索範囲が広い。

地上のレーダーの場合、水平線、地平線よりも先の物体を捉えることができない。高空にあるAWACSのレーダーなら、より広い範囲をカバーできる。おかげで、敵機の発進や接近を、地上のレーダーよりも早期に捕捉することができる。

アメリカの早期警戒管制機E-3セントリー。最大速度855km、航続距離9,250km。操縦士４名＋捜査員13名（E-3A）

加えて、ＡＷＡＣＳのレーダーは、複数以上の敵機に対処できる。そこから先、脅威の度合いによって、撃墜優先順位を決めることができる。ＡＷＡＣＳと味方の戦闘機のデータをリンクさせるなら、味方の戦闘機は早い段階で敵機の動向を把握、どの位置から攻撃し、どの敵戦闘機から撃ち落としていけばいいかもわかる。ＡＷＡＣＳの支援がある戦闘機部隊は、情報戦の時点で圧倒的に優位に立てるのだ。

ＡＷＡＣＳの代表といえば、アメリカの開発したＥ－３「セントリー」だろう。機体のベースとなったのは、ボーイングＢ-７０７-３２０だ。機体上方には直径９・１メートルの巨大レーダーを搭載し、およそ８００キロ先の航空機を探知できる。「セントリー」は紛争地帯にいち早く駆けつけ、空の監視をはじめる。すでに述べたように、ＮＡＴＯもＥ-３を運用、ウクライナを支援している。

　日本が運用しているＡＷＡＣＳには、Ｅ-７６７がある。ボーイングＢ７６７-２００ＥＲをベースに、Ｅ-３と同様のシステムを備えている。また、アメリカ海軍や日本の空自は、早期警戒機Ｅ-２Ｃ「ホークアイ」を運用している。「ホークアイ」は、アメリカ空母部隊の守り神のような存在である。同機は空母の甲板から飛び立ち、敵機や敵ミサイルから空母を守る情報源となる。洋上で空戦がはじまると、艦載機「スーパー・ホーネット」の支援に回る。

「ホークアイ」は、大型のＥ-３「セントリー」から比べると、プロペラ推進式の小さな双発機である。空母の甲板上では、大型の「セントリー」の運用は不可能なので、小型の「ホークアイ」を運用しているのだ。

「ホークアイ」は具体的には、「早期警戒管制機」ではなく、「早期警戒機」に区分けされている。その区別はかなりあいまいだが、早期警戒管制機のほうが指揮統制能力が高い。けれども、レーダーによる監視能力なら、「ホークアイ」は「セントリー」と同等だ。それどころか、低空や洋上での監視能力は「セントリー」を上回るとさえいわれる。

日本が導入しているE－2D「アドバンスドホークアイ」は最新式であり、高性能のAN／APY－9レーダーを搭載している。このE－2Dなら、中国のステルス戦闘機であるJ－20やJ－31（FC－31）も捕捉できるという。

早期警戒管制機は、アメリカのライバルであるロシアや中国も保有している。戦争となれば、各国はまず早期警戒管制機の破壊を仕掛けてくるから、早期警戒管制機には強力な護衛も必要になる。

敵のレーダーやミサイル攻撃を妨害する電子戦機とは ――EA－18G「グラウアー」ほか

アメリカが世界の覇権国となっているのは、圧倒的な空軍力によってでもある。そのアメリカの空軍力を支えているのが、電子戦機である。電子戦機とは、高度な電子戦用の機器を装備した機体で、空軍による敵制圧の尖兵（せんぺい）のような存在だ。

では電子戦とは、どんな戦いなのか。いざ戦争となると、真っ先に潰さねばならないのは、敵のレーダーシステムである。レーダーシステムが健在である限り、対空ミサイルが待ち構えているから、敵地攻撃はおぼつかない。強硬に攻撃すれば、大きな損害も出る。そこで、電子戦機が電波妨害や通信妨害を仕掛け、敵の対空レーダーを機能不全に追いやってしまうのだ。レーダーが機能しないなら、対空ミサイルもまともに作動しない。その隙を突いて、味方の攻撃機が敵のレーダー施設や防空ミサイルシステムを破壊していくと、制空権を確保しやすい。

アメリカは、こうした電子戦機を数多く揃えていて、もっとも知られるのがEA−18G「グラウラー」だ。「グラウラー」は、マルチロール機F／A−18E／F「スーパー・ホーネット」を改造した機体であり、空母から発艦する。「グラウラー」は妨害電波を発射し、敵のレーダーを攪乱(かくらん)しながら、敵のレーダー基地に近づき、「HARM」(高速対レーダーミサイル)を発射する。

「グラウラー」は、空母を中心とする艦隊防衛の鍵にもなる。「グラウラー」は、その電子妨害能力によって、空母を狙うミサイル・システムが機能しないように追い込むのだ。

アメリカの電子戦機では、ほかにEC−130H「コンパス・コール」が知られる。4発エンジンのCH−130「ハーキュリーズ」輸送機をベースにして、敵のレー

妨害電波を発するアメリカの電子戦機EA-18Gグラウラー。
最大速度1,900km、航続距離2,346km、乗員２名

ダー網を機能不全に追いやっていく。さらに「コンパス・コール」は、通信妨害・傍受の能力を有していて、ときに敵の通信を傍受し、ときに敵の通信を妨害していく。

RC-135V／W「リヴェット・ジョイント」は、「電子戦配備マップ」を装備する。同機は敵国周辺を飛行しながら、さまざまな電子情報を傍受、敵国のレーダー網や通信施設の位置、能力を把握し、「マップ化」していく。この「電子戦配備マップ」が、有事には即、役立つのだ。

アメリカが高度な電子戦機を数多く保有しているのは、アメリカが世界の軍事用電子機器の大半を開発・

生産してきたからだ。アメリカは電子戦を重んじ、他国の追随をゆるさないでいたが、現在、中国が追撃をはじめている。

空軍の行動半径を決める空中給油機はどう進化するのか？——KC−10「エクステンダー」ほか

ＡＷＡＣＳとともに戦闘機や攻撃機、マルチロール機の勝利に貢献しているのが、空中給油機だ。空中給油機があるなら、戦闘機は燃料切れのためにいったん基地に帰投（きとう）する必要がなくなる。空中で給油機から給油を受けるなら、つねに高い空域にあって、戦闘を継続できる。

さらに空中給油機があることによって、戦闘機が紛争地帯に急行することも可能になる。空中給油機から給油を受けつづける限り、戦闘機は途中で基地に降りることなく、紛争地帯に最速で到達できる。大型の給油機があるなら、その空軍は空母よりもはるかに早い作戦展開能力をもてるのだ。

空中給油機の代表といえば、アメリカのＫＣ−10「エクステンダー」だろう。マクドネル・ダグラスＤＣ−10旅客機をベースにし、最大で１６０トンの燃料を搭載できる。アメリカがその空軍を世界展開できるのは、「エクステンダー」あればこそだ。ただ、海軍の場合、大型の空中給油機の空母上での運用は不可能だ。そのため「バディ・システム」という方法が採用されている。「バディ・システム」では、仲間同士で給油しあう。アメリカのF／A-18E／F「スーパー・ホーネット」には、僚機に空中するための機能も付与されている。

その一方、アメリカ海軍では無人の給油機であるMQ-25「スティングレイ」も開発中だ。MQ-25は空母艦載のドローンであり、「スーパー・ホーネット」を対象に補給する構想だ。

ウクライナが開発した世界一の巨大輸送機とは——An-124「ルスラーン」、An-225「ムリーヤ」ほか

戦争の兵站（へいたん）を支えるのは、数多くのトラックや輸送機、輸送船などだ。こうしたトラック、輸送機、輸送船は名もなきに等しい兵器でもあるのだが、なかにはその巨大さや優秀さで目を見はらされるものもある。

たとえば、巨大輸送機である。現在、世界一の巨大輸送機はウクライナのO・K・アントーノウ記念航空科学技術複合体（旧ソ連のアントノフ設計局を源流とする）の開発したAn-124「ルスラーン」だ。

世界最大の輸送機An-124「ルスラーン」。積載量150ｔ。乗務員６名、搭乗者88名（写真：Antti Havukainen）

４発のエンジンで動く「ルスラーン」の最大搭載量は、１２０トンにもなる。

Ａｎ－１２４は軍用機でもあれば、民間機にもなり、日本も活用している。広島電鉄が使用している５０００形電車「グリーンムーバー」の、ドイツから日本への輸送にも使われたし、２００３年、自衛隊のイラク派遣にあっては、物資輸送を請け負っている。

じつは、この「ルスラーン」よりも大型の輸送機が世界に１機存在していた。同じウクライナのＯ・Ｋ・アントーノウ記念航空科学技術複合体によるＡｎ－２２５「ムリーヤ」

である。6発のジェットで推進する「ムリーヤ」は、An-124「ルスラーン」を土台に設計されている。史上もっとも重い航空機であり、最大離陸重量は640トンにもなる。最大積載量は250~300トンにもなり、アメリカ随一の大型輸送機C-5「ギャラクシー」の2倍にもなる。

「ムリーヤ」は、ソ連版スペースシャトルを空輸するために計画され、2機が製造工場にあったが、そのうち1機は未完に終わっている。残る1機は完成し、一時は世界最大の輸送機となっていた。日本にも飛来し、2011年の福島原発危機にあっては、コンクリートポンプ車の輸送を担っている。

ただ、2022年のロシア軍のウクライナ侵攻にあって、「ムリーヤ」は破壊されてしまい、使用不能となる。そのため、「ルスラーン」が世界でもっとも大きな航空機となっている。

現在、An-124「ルスラーン」に次ぐ大型輸送機となっているのは、アメリカのC-5「ギャラクシー」だ。アメリカはほかにも中型輸送機C-130「ハーキュリーズ」を大量に活用、「ハーキュリーズ」はアメリカ以外の多くの国で輸送機の主役となっている。

アメリカは、ほかに大型輸送機としてC-17「グローブマスターⅢ」を運用している。最大積載量約80トンのC−17の特徴は、短い距離でも離陸できるところにある。このクラスの航空機の場合、最低でも3000メートルの滑走路を必要とするが、C−17なら最大重量でも2300メートル程度の滑走で離陸できる。極端なケースでは、910メートルほどの滑走でも離陸してしまえるのだ。

戦場にあっては、つねに大型の飛行場を確保できるとは限らない。大型輸送機が使えない小さな飛行場へは、中小型輸送機でピストン輸送をするしかないが、C−17なら小さな飛行場にも飛来し、兵站（へいたん）を支えることができるのだ。

大型爆撃機は、退役する運命にあるのか？ ——B−52「ストラトフォートレス」、B−2「スピリット」

20世紀後半、戦場や都市で恐れられたのが、大型爆撃機である。アメリカの大型爆撃機は、第2次世界大戦にあっては日本、ドイツを屈伏させ、ベトナム戦争でもベトナムの住人を恐怖させた。弾道核ミサイルのなかった時代、大型爆撃機は、核兵器のもっとも有力な運搬手段でもあり、恐れられた。けれども、21世紀になって大型爆撃機の時代は終わるのではないかといわれている。

アメリカの超大型爆撃機B−52「ストラトフォートレス」は、アメリカを象徴す

高価すぎて出番がないアメリカのB–2ステルス爆撃機。
最高速度約1,000km、航続距離12,000km、積載量15ｔ

る爆撃機である。21世紀になっても、アフガニスタンでの作戦に投入され、タリバンの根拠地を攻撃している。ただ、その後はさしたる出番はない。

アメリカは、ステルス爆撃機B–2「スピリット」も保有している。B–2は秘密のヴェールに覆われた高性能機である。垂直尾翼が存在せず、ブーメランのような形をした全翼機だ。ステルス化されたドローンも全翼機化しようとしているが、その先駆だろう。B–2はコソボやアフガニスタンでピンポイント爆撃に運用されたが、その先、活躍の場を得ていない。

アメリカ軍がB–52やB–2といった大型爆撃機を使わなくなりはじめているのは、マルチロール機やドローンの登場によってである。マルチロール機は、戦闘機との戦闘も対地攻撃もなんでもこなす。ドローンも、地上攻撃を得意とする。マルチロール機やドローンによって、大型爆撃機は仕事を奪われてしまったのだ。

しかも、B-52のような大型爆撃機はレーダーに映りやすいし、低速だ。対空ミサイルの餌食になりやすい。

高度なステルス爆撃機であるB-2にしろ、ステルス戦闘機F-22「ラプター」やF-35「ライトニング」で代用できる。B-2の価格は、13億ドルにもなり、喪失したときの痛手はじつに大きい。機体がロシアや中国の手にわたろうものなら、アメリカの最高機密の漏洩(ろうえい)にもなる。たしかに「ラプター」も1・5億ドルと高額とはいえ、まだ「ラプター」を使ったほうがいいのだ。

この先、大型爆撃機の命運は、空中発射巡航ミサイルの射程の伸びにかかっている。B-52を延命させたのは、空中発射巡航ミサイルAGM-86だ。AGM-86の射程は最大で2500キロにもなり、敵の対空ミサイルの射程圏外からミサイル攻撃ができるようになった。ただ、中国、ロシアはミサイルの射程を延ばすのに懸命になっている。中ロの対空ミサイルの射程よりも大きい射程の巡航ミサイルの開発が、B-52の生命線となるだろう。

●本書の執筆にあたり以下の文献等を参考にさせていただきました――

『「無人戦」の世紀』セス・Ｊ・フランツマン／『最新コンバット・バイブル』クリス・マクナブ、マーティン・Ｊ・ドハティ（以上、原書房）／『無人の兵団』ポール・シャーレ（早川書房）／『ＡＩ・兵器・戦争の未来』ルイス・Ａ・デルモンテ（東洋経済新報社）／『戦争の未来』ローレンス・フリードマン（中央公論新社）／『無人暗殺機ドローンの誕生』リチャード・ウィッテル（文藝春秋）／『先端技術と米中戦略競争』布施哲（秀和システム）／『「技術」が変える戦争と平和』道下徳成編（芙蓉書房出版）／『ミリタリー選書21 ステルス戦闘機と軍用ＵＡＶ』坪田敦史／『極超音速ミサイル入門』能勢伸之／『深海に潜む最強のシーパワー潜水艦入門』小滝國雄、野木恵一、柿谷哲也、上船修二、菊池雅之／『兵器進化論』野木恵一／（以上、イカロス出版）／『極超音速ミサイルが揺さぶる「恐怖の均衡」』能勢伸之（扶桑社）／『日本人が知らない軍事学の常識』兵頭二十八／『兵頭二十八の防衛白書２０１４』兵頭二十八『兵頭二十八の防衛白書２０１５』兵頭二十八（以上、草思社）／『米中「ＡＩ大戦」』兵頭二十八（並木書房）／『空母を持って自衛隊は何をするのか』兵頭二十八／『尖閣諸島を自衛隊はどう防衛するか』兵頭二十八（以上、徳間書店）／『現代ミリタリー・ロジスティクス入門』井上孝司／『現代ミリタリー・インテリジェンス入門』井上孝司（以上、潮書房光人新社）／『ロシアを決して信じるな』中村逸郎（新潮社）／『［２０１９年版］中国情報ハンドブック』21世紀中国総研編（蒼蒼社）／『核のボタン』ウィリアム・ペリー、トム・コリーナ（朝日新聞出版）／『兵器防衛技術シリーズ３ ミサイル技術のすべて』防衛技術ジャーナル編集部編（財団法人防衛技術協会）／『世界最強！ アメリカ空軍のすべて』毒島力也／『知られざる空母の秘密』柿谷哲也（以上、ソフトバンククリエイティブ）／『図説 徹底検証アメリカ海軍の全貌』河津幸英（アリアドネ企画）／『尖閣を獲りに来る中国海軍の実力』川村純彦（小学館）／『中国の軍事戦略』小原凡司（東洋経済新報社）／『日中海戦はあるか』夏川和也監修（きずな出版）／済新報社）／『歩兵装備完全ファイル』大久保義信、齋木伸生、あかぎひろゆき（笠倉出版社）／『最強 世界の歩兵装備図鑑』坂本明（学研パブリッシング）

KAWADE
夢文庫

戦闘を変えた
最新の兵器

二〇二二年九月三〇日　初版発行

著　者……国際時事アナリスツ［編］
企画・編集……夢の設計社
東京都新宿区山吹町二六一〒162-0801
☎〇三―三二六七―七八五一（編集）
発行者……小野寺優
発行所……河出書房新社
東京都渋谷区千駄ヶ谷二―三二―二〒151-0051
☎〇三―三四〇四―一二〇一（営業）
https://www.kawade.co.jp/
装　幀……こやまたかこ
印刷・製本……中央精版印刷株式会社
DTP……株式会社翔美アート

Printed in Japan ISBN978-4-309-48591-1